# TIGER-TRAINER 3

Autoren:

Matthias Heidenreich,
Martina Kinkel-Craciunescu
und Thomas Laubis

W0278921

Bestell-Nr. 3503-66 · ISBN 978-3-619-35366-8

www.mildenberger-verlag.de · E-Mail: info@mildenberger-verlag

Auflage Druck 5 4 3 2
Jahr 2010 2009 2008 2007



Layout und Illustrationen: Judith Heusch, 79362 Forchheim

S. 17, 28, 41, 57, 68, 81, 97: © Mauritius GmbH, 82481 Mittenwald
S. 95, 97: © F1 Online Digitale Bildagentur, 60314 Frankfurt

Druck: Kehler Druck GmbH & Co. KG, 77694 Kehl
Gedruckt auf umweltfreundlichen Papieren

**Mildenberger Verlag**

## Verdoppelungsaufgaben

① 5 · 3 = 15 | 4 · 5 = ___ | 3 · 7 = ___ | 2 · 8 = ___ | 1 · 9 = ___ | 4 · 7 = ___

10 · 3 = ___ | 8 · 5 = ___ | ___ | ___ | ___ | ___

② 3 · 9 = ___ | 5 · 6 = ___ | 2 · 10 = ___ | 4 · 9 = ___ | 6 · 3 = ___ | 2 · 6 = ___

___ | ___ | ___ | ___ | ___ | ___

③
0 · 3 = 0
1 · 3 = 3
2 · 3 = ___
___ · 3 = ___
___ · 3 = ___
___ · 3 = ___
___ · 3 = ___
___ · 3 = ___
___ · 3 = ___
___ · 3 = ___
___ · 3 = ___

④
4 · 3 = 12
___ · 3 = 18
___ · 3 = 9
___ · 3 = 21
___ · 3 = 3
___ · 3 = 15
___ · 3 = 27
___ · 3 = 0
___ · 3 = 6
___ · 3 = 24
___ · 3 = 30

⑤
27 : 3 = ___
12 : 3 = ___
24 : 3 = ___
6 : 3 = ___
30 : 3 = ___
18 : 3 = ___
9 : 3 = ___
21 : 3 = ___
3 : 3 = ___
15 : 3 = ___
0 : 3 = ___

⑥ Kleine und große Aufgaben

2 + 7 = ___ | 8 − 3 = ___
22 + 7 = ___ | 28 − 3 = ___
52 + 7 = ___ | 58 − 3 = ___

4 + 3 = ___ | 7 − 5 = ___
34 + 3 = ___ | 37 − 5 = ___
84 + 3 = ___ | 87 − 5 = ___

3 + 6 = ___ | 9 − 8 = ___
43 + 6 = ___ | 49 − 8 = ___
73 + 6 = ___ | 79 − 8 = ___

Löse mit Hilfe der Umkehraufgabe.

(1) ___ · 3 = 24    ___ · 8 = 32    ___ · 9 = 27    ___ · 5 = 35    ___ · 7 = 49    ___ · 4 = 28

24 : 3 = ___    32 : 8 = ___    27 : 9 = ___    ______    ______    ______

(2) ___ · 6 = 42    ___ · 2 = 18    ___ · 7 = 56    ___ · 4 = 24    ___ · 8 = 48    ___ · 9 = 72

42 : 6 = ___    ______    ______    ______    ______    ______

(3)

0 · 5 = 0
1 · 5 = 5
2 · 5 = ___
___ · 5 = ___
___ · 5 = ___
___ · 5 = ___
___ · 5 = ___
___ · 5 = ___
___ · 5 = ___
___ · 5 = ___
___ · 5 = ___

(4)

5 · 5 = 25
___ · 5 = 10
___ · 5 = 40
___ · 5 = 5
___ · 5 = 20
___ · 5 = 35
___ · 5 = 0
___ · 5 = 45
___ · 5 = 30
___ · 5 = 15
___ · 5 = 50

Löse geschickt.

(5) 3 · 4 + 5 · 4 = ___
8 · 4 = ___

4 · 3 + 5 · 3 = ___
9 · 3 = ___

2 · 6 + 7 · 6 = ___
______

3 · 9 + 4 · 9 = ___
______

(6) 9 · 2 − 6 · 2 = ___
3 · 2 = ___

8 · 4 − 3 · 4 = ___
______

5 · 7 − 3 · 7 = ___
______

6 · 8 − 4 · 8 = ___
______

| ① | ② | ③ | ④ | ⑤ | ⑥ |
|---|---|---|---|---|---|
| 18 : 9 = ___ | 21 : 7 = ___ | 12 : 4 = ___ | 32 : 8 = ___ | 20 : 5 = ___ | 30 : 6 = ___ |
| 81 : 9 = ___ | 42 : 7 = ___ | 40 : 4 = ___ | 64 : 8 = ___ | 5 : 5 = ___ | 12 : 6 = ___ |
| 36 : 9 = ___ | 7 : 7 = ___ | 4 : 4 = ___ | 48 : 8 = ___ | 25 : 5 = ___ | 24 : 6 = ___ |
| 90 : 9 = ___ | 63 : 7 = ___ | 20 : 4 = ___ | 8 : 8 = ___ | 10 : 5 = ___ | 42 : 6 = ___ |
| 54 : 9 = ___ | 28 : 7 = ___ | 28 : 4 = ___ | 56 : 8 = ___ | 40 : 5 = ___ | 6 : 6 = ___ |

| ⑦ | ⑧ | ⑨ |
|---|---|---|
| 0 · 8 = 0 | 3 · 8 = 24 | 32 : 8 = ___ |
| 1 · 8 = 8 | ___ · 8 = 48 | 8 : 8 = ___ |
| 2 · 8 = ___ | ___ · 8 = 16 | 64 : 8 = ___ |
| ___ · 8 = ___ | ___ · 8 = 72 | 16 : 8 = ___ |
| ___ · 8 = ___ | ___ · 8 = 8 | 56 : 8 = ___ |
| ___ · 8 = ___ | ___ · 8 = 32 | 0 : 8 = ___ |
| ___ · 8 = ___ | ___ · 8 = 56 | 80 : 8 = ___ |
| ___ · 8 = ___ | ___ · 8 = 40 | 48 : 8 = ___ |
| ___ · 8 = ___ | ___ · 8 = 80 | 24 : 8 = ___ |
| ___ · 8 = ___ | ___ · 8 = 64 | 72 : 8 = ___ |
| ___ · 8 = ___ | ___ · 8 = 0 | 40 : 8 = ___ |

⑩ Kleine und große Aufgaben

| | |
|---|---|
| 6 + 10 = ___ | 17 – 10 = ___ |
| 16 + 10 = ___ | 27 – 10 = ___ |
| 26 + 10 = ___ | 37 – 10 = ___ |
| 36 + 10 = ___ | 47 – 10 = ___ |
| 36 + 14 = ___ | 47 – 17 = ___ |
| | |
| 23 – 20 = ___ | 14 + 20 = ___ |
| 43 – 20 = ___ | 34 + 20 = ___ |
| 63 – 20 = ___ | 54 + 20 = ___ |
| 83 – 20 = ___ | 74 + 20 = ___ |
| 83 – 23 = ___ | 74 + 26 = ___ |

(1)

56 : 7 = ___  ___ · 7 = 56
42 : 7 = ___  __________
28 : 7 = ___  __________
35 : 7 = ___  __________
14 : 7 = ___  __________

(2)

63 : 9 = ___  ___ · 9 = 63
27 : 9 = ___  __________
54 : 9 = ___  __________
45 : 9 = ___  __________
72 : 9 = ___  __________

(3)

25 : 4 = ___R___  6 · 4 = 24  24 + 1 = 25
30 : 4 = ___R___  __________
14 : 4 = ___R___  __________
39 : 4 = ___R___  __________
22 : 4 = ___R___  __________

(4)

0 · 4 = 0
1 · 4 = 4
2 · 4 = ____
____ · 4 = ____
____ · 4 = ____
____ · 4 = ____
____ · 4 = ____
____ · 4 = ____
____ · 4 = ____
____ · 4 = ____
____ · 4 = ____

(5)

7 · 4 = 28
____ · 4 = 0
____ · 4 = 32
____ · 4 = 12
____ · 4 = 20
____ · 4 = 4
____ · 4 = 36
____ · 4 = 24
____ · 4 = 8
____ · 4 = 40
____ · 4 = 16

(6)

24 : 4 = ____
16 : 4 = ____
8 : 4 = ____
40 : 4 = ____
32 : 4 = ____
20 : 4 = ____
12 : 4 = ____
36 : 4 = ____
28 : 4 = ____
0 : 4 = ____
4 : 4 = ____

(7) Kleine und große Aufgaben

8 + 7 = ____  12 – 5 = ____
28 + 7 = ____  22 – 5 = ____
58 + 7 = ____  52 – 5 = ____

9 + 3 = ____  13 – 5 = ____
39 + 3 = ____  33 – 5 = ____
89 + 3 = ____  83 – 5 = ____

7 + 6 = ____  14 – 8 = ____
47 + 6 = ____  44 – 8 = ____
77 + 6 = ____  74 – 8 = ____

(1)

| · | 3 | 5 | 8 | 4 |
|---|---|---|---|---|
| 2 | | | | |
| 6 | | | | |
| 7 | | | | |
| 9 | | | | |

(2)

58 : 8 = ___R___ 7 · 8 = ____________

34 : 4 = ___R___ ____________

49 : 5 = ___R___ ____________

20 : 3 = ___R___ ____________

77 : 10 = ___R___ ____________

(3)

0 · 6 = 0

1 · 6 = 6

2 · 6 = _____

_____ · 6 = _____

_____ · 6 = _____

_____ · 6 = _____

_____ · 6 = _____

_____ · 6 = _____

_____ · 6 = _____

_____ · 6 = _____

_____ · 6 = _____

(4)

4 · 6 = 24

_____ · 6 = 48

_____ · 6 = 12

_____ · 6 = 30

_____ · 6 = 6

_____ · 6 = 18

_____ · 6 = 36

_____ · 6 = 42

_____ · 6 = 60

_____ · 6 = 54

_____ · 6 = 0

(5)

42 : 6 = _____

24 : 6 = _____

54 : 6 = _____

6 : 6 = _____

60 : 6 = _____

36 : 6 = _____

0 : 6 = _____

12 : 6 = _____

30 : 6 = _____

18 : 6 = _____

48 : 6 = _____

(6)

(7)

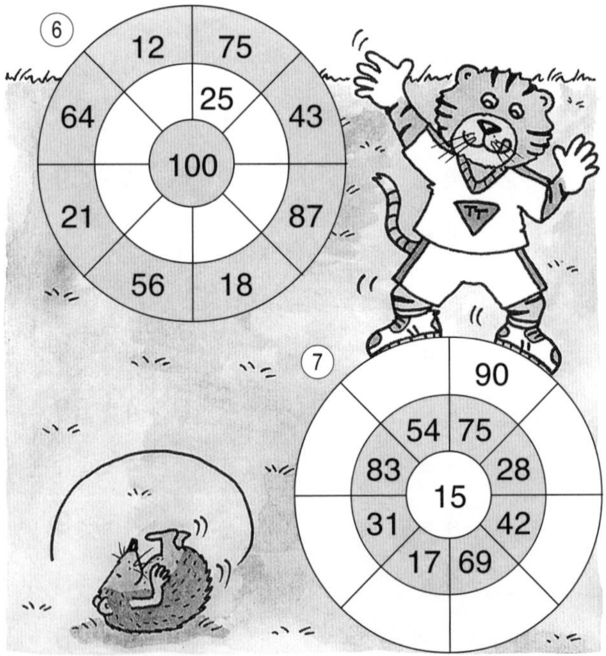

① 27 —(+ 5)→ ___ ; 27 —(+ 3)→ 30 —(+ 2)→ ___

43 —(+ 8)→ ___ ; ___ ; ___ ; ___

56 —(+ 9)→ ___ ; ___ ; ___ ; ___

35 —(+ 7)→ ___ ; ___ ; ___ ; ___

② 52 —(− 6)→ ___ ; 52 —(− 2)→ 50 —(− 4)→ ___

64 —(− 9)→ ___ ; ___ ; ___ ; ___

83 —(− 5)→ ___ ; ___ ; ___ ; ___

96 —(− 8)→ ___ ; ___ ; ___ ; ___

| ③ | ④ | ⑤ |
|---|---|---|
| 0 · 9 = 0 | 18 = ___ · 9 | ___ · 9 = 54 |
| 1 · 9 = 9 | 36 = ___ · 9 | ___ · 9 = 90 |
| 2 · 9 = ___ | 54 = ___ · 9 | ___ · 9 = 45 |
| ___ · 9 = ___ | 9 = ___ · 9 | ___ · 9 = 63 |
| ___ · 9 = ___ | 72 = ___ · 9 | ___ · 9 = 18 |
| ___ · 9 = ___ | 27 = ___ · 9 | ___ · 9 = 81 |
| ___ · 9 = ___ | 45 = ___ · 9 | ___ · 9 = 36 |
| ___ · 9 = ___ | 81 = ___ · 9 | ___ · 9 = 9 |
| ___ · 9 = ___ | 0 = ___ · 9 | ___ · 9 = 27 |
| ___ · 9 = ___ | 90 = ___ · 9 | ___ · 9 = 0 |
| ___ · 9 = ___ | 63 = ___ · 9 | ___ · 9 = 72 |

⑥ Kleine und große Aufgaben

| | |
|---|---|
| 6 + 7 = ___ | 13 − 8 = ___ |
| 26 + 7 = ___ | 23 − 8 = ___ |
| 56 + 7 = ___ | 53 − 8 = ___ |
| 8 + 6 = ___ | 12 − 9 = ___ |
| 38 + 6 = ___ | 32 − 9 = ___ |
| 88 + 6 = ___ | 82 − 9 = ___ |
| 4 + 8 = ___ | 11 − 7 = ___ |
| 44 + 8 = ___ | 41 − 7 = ___ |
| 74 + 8 = ___ | 71 − 7 = ___ |

①

| + | 18 | 24 | 17 | 29 | 16 | 25 |
|---|---|---|---|---|---|---|
| 4 | | | | | | |
| 40 | | | | | | |
| 7 | | | | | | |
| 70 | | | | | | |

②

| − | 8 | 18 | 6 | 36 | 9 | 49 |
|---|---|---|---|---|---|---|
| 52 | | | | | | |
| 50 | | | | | | |
| 93 | | | | | | |
| 90 | | | | | | |

③

0 · 7 = 0

1 · 7 = 7

2 · 7 = ____

____ · 7 = ____

____ · 7 = ____

____ · 7 = ____

____ · 7 = ____

____ · 7 = ____

____ · 7 = ____

____ · 7 = ____

____ · 7 = ____

④

14 = ____ · 7

35 = ____ · 7

56 = ____ · 7

7 = ____ · 7

49 = ____ · 7

28 = ____ · 7

42 = ____ · 7

21 = ____ · 7

0 = ____ · 7

70 = ____ · 7

63 = ____ · 7

⑤

____ · 7 = 56

____ · 7 = 70

____ · 7 = 35

____ · 7 = 63

____ · 7 = 14

____ · 7 = 21

____ · 7 = 49

____ · 7 = 7

____ · 7 = 28

____ · 7 = 0

____ · 7 = 42

⑥ Rechne geschickt im Kopf.

42 + 8 + 16 = ____

27 + 4 + 36 = ____

9 + 37 + 11 = ____

45 + 38 + 5 = ____

63 + 24 + 17 = ____

43 − 29 − 3 = ____

62 − 13 − 2 = ____

57 − 15 − 7 = ____

25 − 5 − 8 = ____

76 − 27 − 6 = ____

① 48 + 5 = ___
48 + 15 = ___
48 + 35 = ___

② 67 + 4 = ___
67 + 14 = ___
67 + 24 = ___

③ 19 + 8 = ___
19 + 28 = ___
19 + 58 = ___

④ 36 + 7 = ___
36 + 37 = ___
36 + 47 = ___

⑤ 5 + 6 = ___
5 + 46 = ___
5 + 96 = ___

⑥ 72 – 6 = ___
72 – 16 = ___
72 – 46 = ___

⑦ 94 – 8 = ___
94 – 18 = ___
94 – 38 = ___

⑧ 83 – 4 = ___
83 – 24 = ___
83 – 64 = ___

⑨ 61 – 7 = ___
61 – 37 = ___
61 – 57 = ___

⑩ 100 – 9 = ___
100 – 69 = ___
100 – 99 = ___

⑪
0 · 2 = 0
1 · 2 = 2
2 · 2 = ___
___ · 2 = ___
___ · 2 = ___
___ · 2 = ___
___ · 2 = ___
___ · 2 = ___
___ · 2 = ___
___ · 2 = ___
___ · 2 = ___

⑫
0 · 10 = 0
1 · 10 = 10
2 · 10 = ___
___ · 10 = ___
___ · 10 = ___
___ · 10 = ___
___ · 10 = ___
___ · 10 = ___
___ · 10 = ___
___ · 10 = ___
___ · 10 = ___

⑬
14 = ___ · 2
18 = ___ · 2
___ = 5 · 2
___ = 3 · 2
20 = ___ · 2
4 = ___ · 2
___ = 1 · 2
___ = 8 · 2
0 = ___ · 2
8 = ___ · 2
___ = 6 · 2

⑭
40 = ___ · 10
70 = ___ · 10
___ = 2 · 10
___ = 8 · 10
50 = ___ · 10
0 = ___ · 10
___ = 10 · 10
___ = 1 · 10
60 = ___ · 10
___ = 3 · 10
___ = 9 · 10

Löse geschickt.

(1) $48 : 8 - 32 : 8 =$ ____   $56 : 7 - 35 : 7 =$ ____   $81 : 9 - 18 : 9 =$ ____   $54 : 6 - 30 : 6 =$ ____

$16 : 8 =$ ____   $21 : 7 =$ ____   ________   ________

(2) $20 : 5 + 25 : 5 =$ ____   $12 : 3 + 15 : 3 =$ ____   $14 : 2 + 18 : 2 =$ ____   $24 : 4 + 16 : 4 =$ ____

________   ________   ________   ________

Setze ein: <, >, =.

(3)

$4 \cdot 4$ ○ $4 \cdot 7$

$8 \cdot 7$ ○ $6 \cdot 9$

$3 \cdot 6$ ○ $9 \cdot 2$

(4)

$28 : 4$ ○ $35 : 5$

$64 : 8$ ○ $24 : 4$

$42 : 7$ ○ $27 : 3$

(5)

$4 \cdot 3$ ○ $72 : 8$

$3 \cdot 2$ ○ $54 : 9$

$48 : 8$ ○ $7 \cdot 2$

(6)

$90 : 10 - 40 : 10$ ○ $9 \cdot 6 - 3 \cdot 6$

$64 : 8 - 24 : 8$ ○ $7 \cdot 4 - 6 \cdot 4$

$1 \cdot 3 + 3 \cdot 3$ ○ $45 : 5 + 55 : 5$

(7)

$\cdot 5$   $: 2$   $\cdot 4$   $: 8$   $\cdot 5$

☐ → ☐ → ☐ → ☐ → ☐ → 25

○   ○   ○   ○   ○

①

3 · 8 = ____
7 · 8 = ____
9 · 5 = ____
6 · 5 = ____
4 · 7 = ____
7 · 7 = ____
8 · 3 = ____
5 · 3 = ____
2 · 9 = ____
6 · 9 = ____
8 · 4 = ____
0 · 4 = ____
7 · 6 = ____
9 · 6 = ____

②

36 : 6 = ____
24 : 6 = ____
28 : 4 = ____
36 : 4 = ____
63 : 9 = ____
27 : 9 = ____
18 : 3 = ____
12 : 3 = ____
42 : 7 = ____
56 : 7 = ____
35 : 5 = ____
25 : 5 = ____
64 : 8 = ____
48 : 8 = ____

③

44 : 6 = ____ R ____ K: ____ · 6 = ____ ____ + ____ = ____
62 : 7 = ____ R ____ K: ____ · 7 = ____ ____ + ____ = ____
29 : 5 = ____ R ____ K: ____ · 5 = ____ ____ + ____ = ____
71 : 8 = ____ R ____ K: ____ · 8 = ____ ____ + ____ = ____

④

5 + 7 = ____ 7 + 8 = ____ 3 + 9 = ____
15 + 7 = ____ 27 + 8 = ____ 3 + 19 = ____
85 + 7 = ____ 77 + 8 = ____ 3 + 69 = ____

⑤

14 – 6 = ____ 11 – 7 = ____ 92 – 8 = ____
24 – 6 = ____ 31 – 7 = ____ 92 – 18 = ____
64 – 6 = ____ 71 – 7 = ____ 92 – 88 = ____

⑥

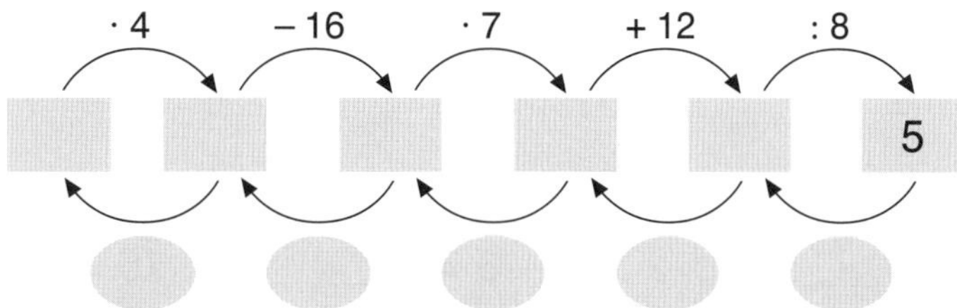

① Rechne auch die Kontrolle.

18 : 9 = ______ ___ · 9 = 18

20 : 9 = ______ ____________________

36 : 9 = ______ ____________________

40 : 9 = ______ ____________________

81 : 9 = ______ ____________________

86 : 9 = ______ ____________________

45 : 9 = ______ ____________________

53 : 9 = ______ ____________________

② Finde zu der Kontrolle die Aufgabe.

6 · 7 = 42 42 + 2 = 44 44 : 7 = ___R___

4 · 7 = 28 28 + 3 = 31 ______________

9 · 6 = 54 54 + 5 = 59 ______________

5 · 6 = 30 30 + 4 = 34 ______________

3 · 8 = 24 24 + 1 = 25 ______________

7 · 8 = 56 56 + 6 = 62 ______________

8 · 5 = 40 40 + 3 = 43 ______________

5 · 5 = 25 25 + 4 = 29 ______________

③
6 + 9 = ____
16 + 9 = ____
36 + 9 = ____
56 + 9 = ____
76 + 9 = ____
76 + 19 = ____
76 + 20 = ____

④
7 + 8 = ____
17 + 8 = ____
17 + 18 = ____
27 + 8 = ____
27 + 18 = ____
47 + 8 = ____
47 + 28 = ____

⑤
41 = 34 + ___
67 = 58 + ___
84 = 76 + ___
25 = 17 + ___
51 = 43 + ___
76 = 69 + ___
32 = 28 + ___

⑥
___ + 48 = 53
___ + 29 = 36
___ + 84 = 91
___ + 57 = 62
___ + 36 = 44
___ + 65 = 75
___ + 72 = 81

① 

| · | 3 | 8 | 5 | 9 |
|---|---|---|---|---|
| 6 | | | | |
| 4 | | | | |
| 7 | | | | |
| 2 | | | | |
| 10 | | | | |

② 
___ · 3 = 21
___ · 5 = 40
___ · 7 = 35
___ · 4 = 28
___ · 6 = 48
___ · 9 = 81
___ · 8 = 16

③ 
4 · ___ = 36
6 · ___ = 24
8 · ___ = 32
3 · ___ = 18
7 · ___ = 49
5 · ___ = 30
9 · ___ = 45

④ 
54 = ___ · 6
56 = ___ · 8
72 = ___ · 9
40 = ___ · 5
63 = ___ · 7
12 = ___ · 4
27 = ___ · 3

⑤ 
16 – 9 = ___
26 – 9 = ___
36 – 9 = ___
46 – 9 = ___
56 – 9 = ___
66 – 9 = ___
76 – 9 = ___
76 – 19 = ___
76 – 20 = ___

⑥ 
17 – 8 = ___
27 – 8 = ___
27 – 18 = ___
37 – 28 = ___
47 – 38 = ___
57 – 38 = ___
57 – 48 = ___
67 – 48 = ___
77 – 58 = ___

⑦ 
43 = 54 – ___
67 = 78 – ___
89 = 91 – ___
94 = 96 – ___
25 = 37 – ___
51 = 63 – ___
76 = 79 – ___
11 = 11 – ___
108 = 110 – ___

①

| : | 6 | 7 | 8 | 9 |
|---|---|---|---|---|
| 24 | | R | | R |
| 36 | | R | R | |
| 42 | | | R | R |
| 56 | R | | | R |
| 64 | R | R | | R |

②

___ + 18 = 26

___ − 27 = 43

___ +  9 = 90

___ − 38 = 37

___ + 76 = 82

___ − 49 = 51

③

___ − 35 = 51

___ + 45 = 47

___ − 61 = 19

___ + 42 = 71

___ − 85 =  9

___ + 70 = 77

④

___ + 35 = 80

___ − 77 = 13

___ + 42 = 68

___ − 81 = 19

___ + 56 = 74

___ − 63 = 36

Kontrolliere mit der Tauschaufgabe.

① 24 + 56 = ____
56 + ____ = ____
31 + 49 = ____
__________
72 + 28 = ____
__________
43 + 17 = ____
__________

② 8 · 7 = ____
7 · 8 = ____
9 · 5 = ____
__________
3 · 6 = ____
__________
6 · 9 = ____
__________

Kontrolliere mit der Umkehraufgabe.

③ 94 – 31 = ____
____ + 31 = 94
86 – 25 = ____
__________
72 – 53 = ____
__________
68 – 49 = ____
__________

④ 48 : 6 = ____
____ · 6 = ____
63 : 9 = ____
__________
32 : 4 = ____
__________
24 : 8 = ____
__________

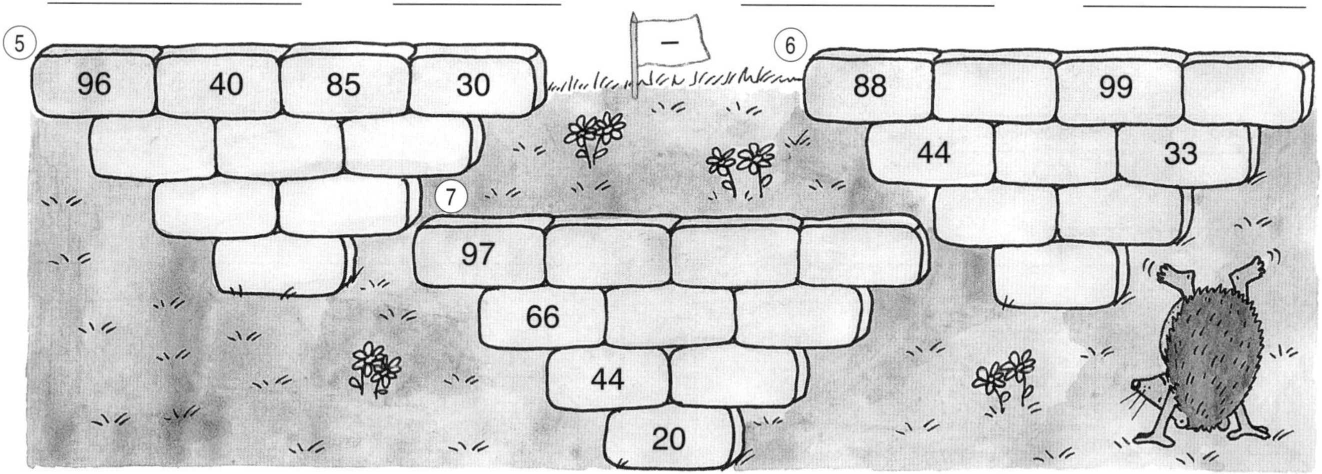

①

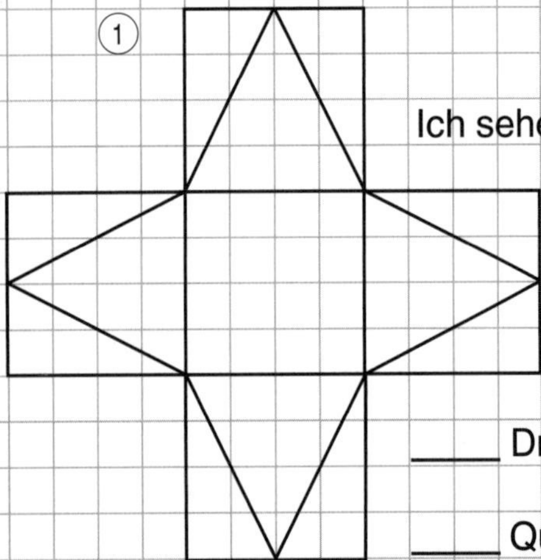

Ich sehe

_____ Dreiecke,

_____ Quadrate,

_____ Rechtecke.

②

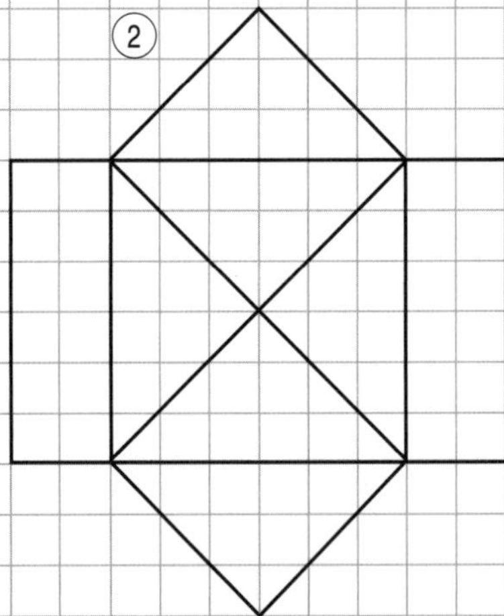

Ich sehe

_____ Dreiecke,

_____ Quadrate,

_____ Rechtecke.

③

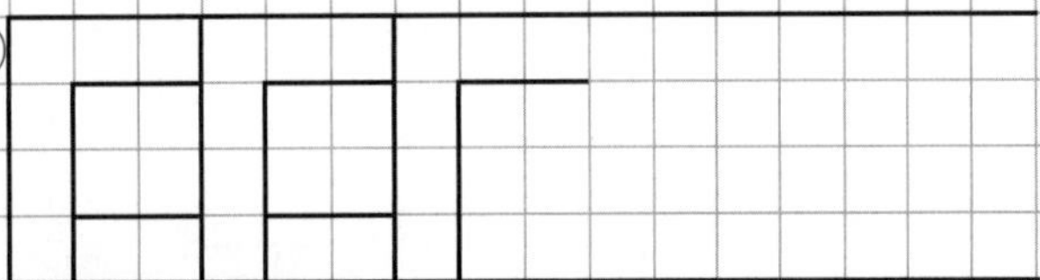

④

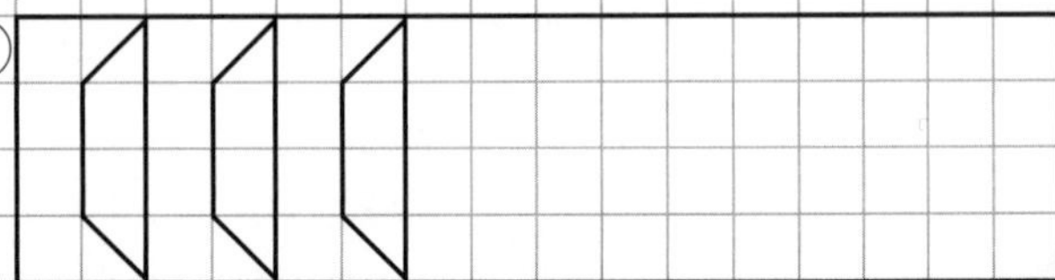

⑤

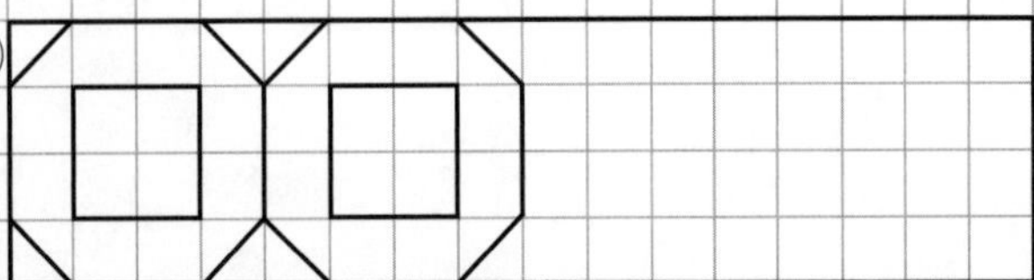

⑥

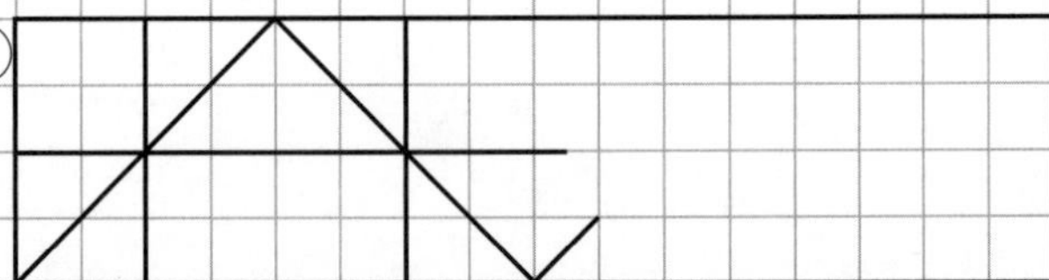

Finde den Lösungssatz.

| A | B | D | E | G | H | I | L | N | O | R | S | T | [illegible] |
|---|---|---|---|---|---|---|---|---|---|---|---|---|---|
| 18 | 36 | 54 | 30 | 49 | 64 | 32 | 45 | 42 | 56 | 24 | 48 | 60 | 2[illegible] |

(1) 9 · 6 = ____

(2) 6 · 3 = ____

(3) 8 · 6 = ____

(4) 4 · 9 = ____

(5) 3 · 8 = ____

(6) 2 · 9 = ____

(7) 6 · 7 = ____

(8) 6 · 9 = ____

(9) ____ : 5 = 6

(10) ____ : 6 = 7

(11) ____ : 4 = 9

(12) ____ : 7 = 3

(13) ____ : 4 = 6

(14) ____ : 7 = 7

(15) ____ : 2 = 15

(16) ____ : 3 = 8

(17) 27 + 33 = ____

(18) 28 + 28 = ____

(19) 11 + 13 = ____

(20) 23 + 25 = ____

(21) 31 + 29 = ____

(22) 16 + 14 = ____

(23) 49 + 15 = ____

(24) 25 + 35 = ____

(25) 94 – 62 = ____

(26) 83 – 41 = ____

(27) 74 – 38 = ____

(28) 69 – 39 = ____

(29) 43 – 19 = ____

(30) 81 – 36 = ____

(31) 97 – 65 = ____

(32) 68 – 26 = ____

| 1 | 2 | 3 |
|---|---|---|
| | | |

| 4 | 5 | 6 | 7 | 8 | 9 | 10 | 11 | 12 | 13 | 14 | 15 | 16 |
|---|---|---|---|---|---|---|---|---|---|---|---|---|
| | | | | | | | | | | | | |

| 17 | 18 | 19 |
|---|---|---|
| | | |

| 20 | 21 | 22 | 23 | 24 |
|---|---|---|---|---|
| | | | | |

| 25 | 26 |
|---|---|
| | |

| 27 | 28 | 29 | 30 | 31 | 32 | |
|---|---|---|---|---|---|---|
| | | | | | | . |

Welche Zahlen sind dargestellt?

①  = ______

③  = ______

②  = ______

④ 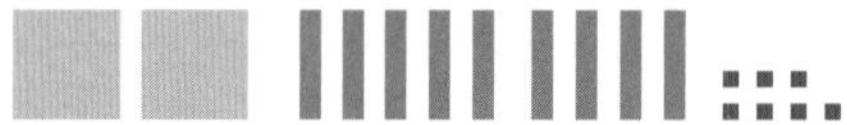 = ______

⑤ Wie heißen die Zahlen?

2 H 4 Z 3 E = ______

5 H 7 Z 4 E = ______

8 H 9 E = ______

7 H 4 Z = ______

6 Z 1 E = ______

⑥ Verbinde.

| 5 E 3 H 4 Z | 2 Z 1 H 4 E | 6 H 2 E | 6 Z 3 H 4 E | 1 E 2 Z 4 H |
|---|---|---|---|---|

| 602 | 345 | 124 | 421 | 364 |
|---|---|---|---|---|

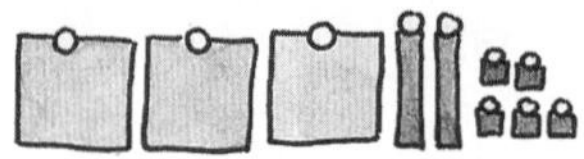

⑦ Ergänze.

| H | Z | E | | | |
|---|---|---|---|---|---|
| 5 | 2 | 7 | = 5 H + 2 Z + 7 E | = 500 + 20 + 7 | = 527 |
| | | | = 8 H + 4 Z + 3 E | = ______ | = ______ |
| | | | = ______ | = 600 + 50 + 4 | = ______ |
| | 5 | 8 | = ______ | = ______ | = ______ |
| | | | = ______ | = ______ | = 309 |

① 3 + ___ = 8
30 + ___ = 80
300 + ___ = 800

② 1 + ___ = 9
10 + ___ = 90
100 + ___ = 900

③ 7 – ___ = 4
70 – ___ = 40
700 – ___ = 400

④ 9 – ___ = 2
90 – ___ = 20
900 – ___ = 200

⑤ ___ + 3 = 5
___ + 30 = 50
___ + 300 = 500

⑥ ___ + 2 = 7
___ + 20 = 70
___ + 200 = 700

⑦ ___ – 4 = 4
___ – 40 = 40
___ – 400 = 400

⑧ ___ – 6 = 1
___ – 60 = 10
___ – 600 = 100

⑨ 68 – 40 = ___
168 – 40 = ___
268 – 40 = ___
______________
______________

⑩ ___ + 70 = 97
___ + 70 = 197
___ + 70 = 297
______________
______________

⑪ 52 – 5 = ___
152 – 5 = ___
252 – 5 = ___
______________
______________

⑫ 78 + 13 = ___
178 + 13 = ___
278 + 13 = ___
______________
______________

⑬
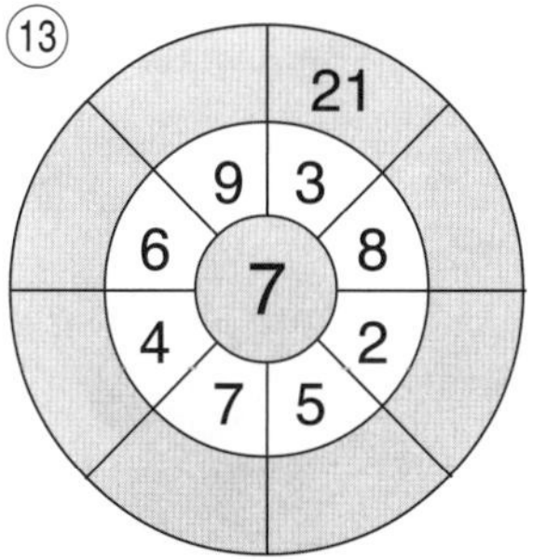


⑭
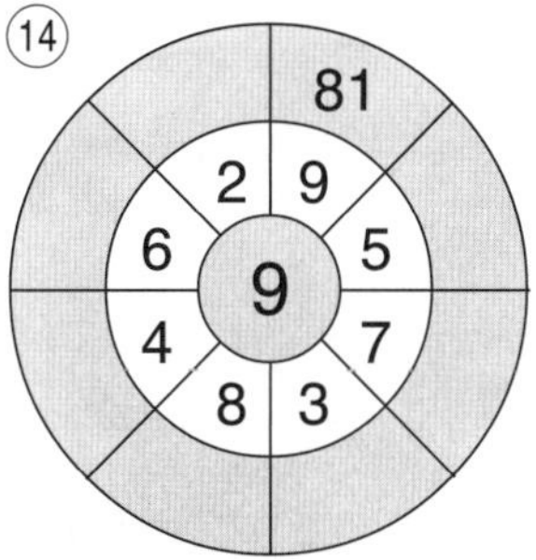


⑮
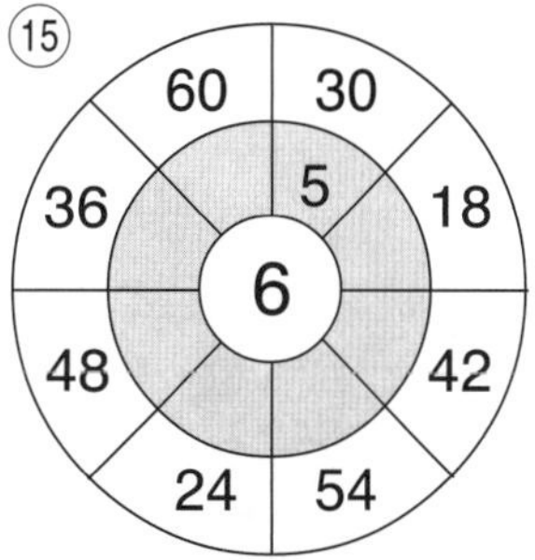


⑯
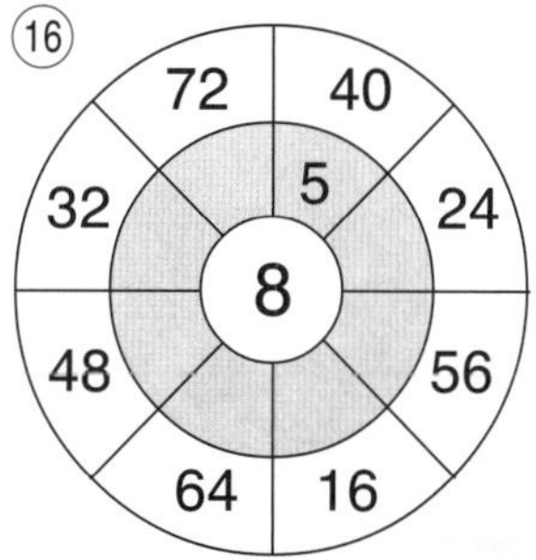

① Kontrolliere mit der Umkehraufgabe.

_____ + 37 = 82    82 – 37 = _____

_____ – 43 = 28    __________

_____ · 6 = 42    __________

_____ : 5 = 9    __________

_____ + 14 = 41    __________

_____ – 56 = 35    __________

_____ · 8 = 32    __________

_____ : 3 = 7    __________

② Schreibe die Zahlen auf zwei andere Arten.

 = __________ = __________

3 H 1 Z 2 E = __________ = __________

206 = __________ = __________

 = __________ = __________

1 H 4 Z 7 E = __________ = __________

513 = __________ = __________

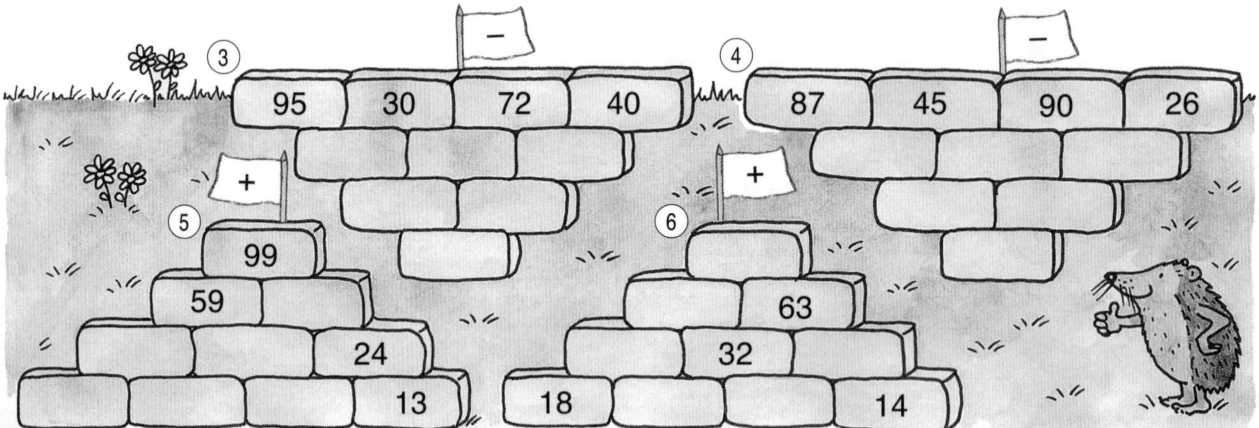

① Schreibe als Zahlwörter.

528 = fünfhundertachtundzwanzig

712 = ______________________

340 = ______________________

79 = ______________________

605 = ______________________

218 = ______________________

34 = ______________________

867 = ______________________

② Welche dreistelligen Zahlen kannst du bilden?
Schreibe einige auf.

siebenhundert | sechzig | neunzig | und | zehn | drei | ein(s) | sechshundert | vier | einhundert

______________________

______________________

③

| · | 2 | 9 | 7 | 5 | 8 |
|---|---|---|---|---|---|
| 7 | | | | | |
| 3 | | | | | |
| 8 | | | | | |
| 6 | | | | | |
| 4 | | | | | |

① : 6 →

| | |
|---|---|
| | 2 |
| 24 | |
| | 7 |
| 30 | |
| | 3 |
| 36 | |

② : 8 →

| | |
|---|---|
| 48 | |
| | 3 |
| 72 | |
| | 7 |
| 16 | |
| | 8 |

③ : 4 →

| | |
|---|---|
| | 4 |
| 36 | |
| | 6 |
| 4 | |
| | 8 |
| 28 | |

④ : 5 →

| | |
|---|---|
| 20 | |
| | 8 |
| 35 | |
| | 0 |
| 50 | |
| | 6 |

⑤ : 9 →

| | |
|---|---|
| | 6 |
| 45 | |
| | 3 |
| 81 | |
| | 7 |
| 18 | |

⑥

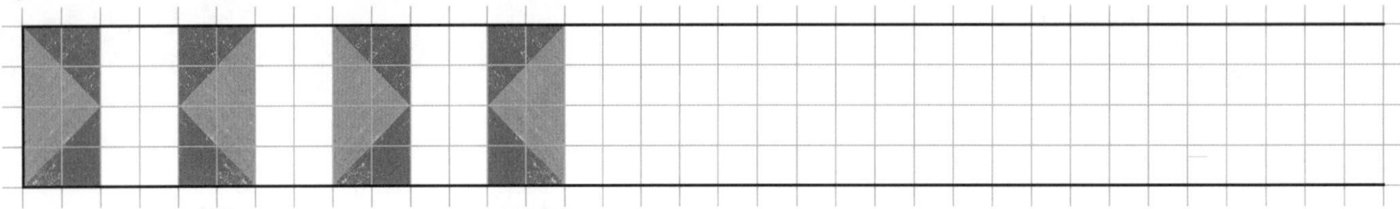

⑦

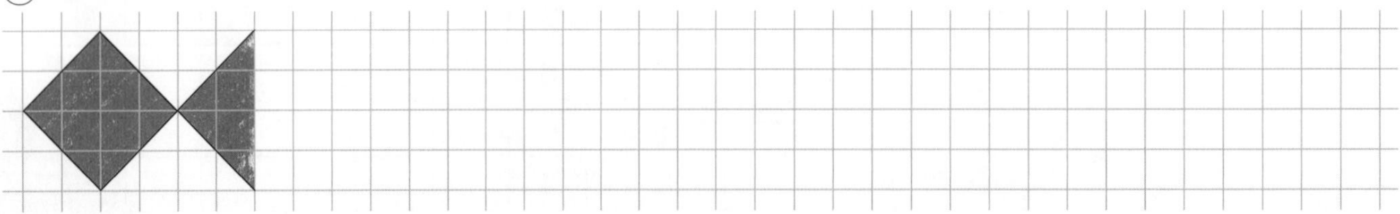

① Trage die fehlenden Zahlen ein.

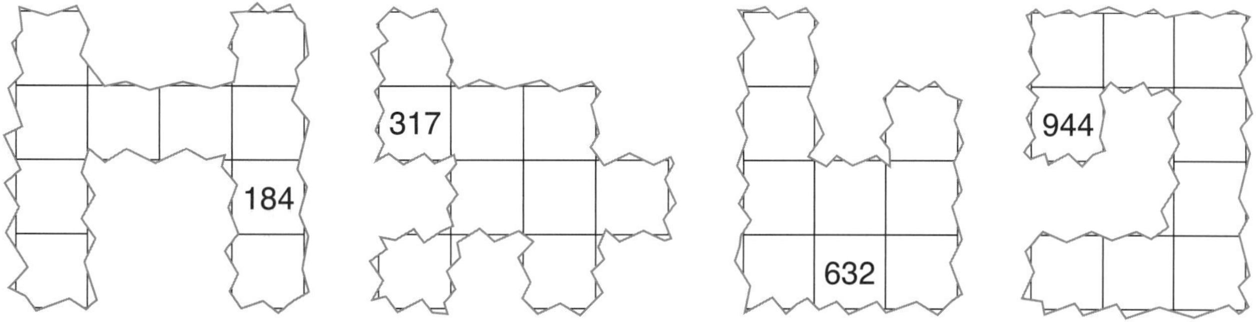


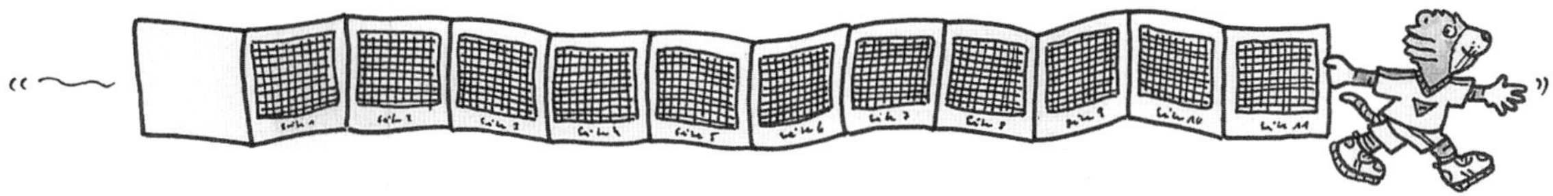

②

234 + 8 = ______

345 + 7 = ______

456 + 6 = ______

567 + 5 = ______

678 + 9 = ______

789 + 4 = ______

③

198 – 9 = ______

987 – 5 = ______

876 – 8 = ______

765 – 6 = ______

654 – 7 = ______

543 – 4 = ______

④

128 + 70 = ______

217 + 60 = ______

376 + 20 = ______

465 + 30 = ______

554 + 40 = ______

643 + 10 = ______

⑤

123 – 10 = ______

234 – 20 = ______

345 – 30 = ______

456 – 50 = ______

567 – 60 = ______

678 – 40 = ______

⑥

4 + 787 = ______

6 + 348 = ______

3 + 279 = ______

7 + 489 = ______

2 + 698 = ______

8 + 986 = ______

① 152 + ___ = 160
142 + ___ = 160
132 + ___ = 160
122 + ___ = 160
112 + ___ = 160
102 + ___ = 160

② 320 + ___ = 330
319 + ___ = 331
318 + ___ = 332
317 + ___ = 333
316 + ___ = 334
315 + ___ = 335

③ 693 – ___ = 610
683 – ___ = 610
673 – ___ = 610
663 – ___ = 610
653 – ___ = 610
643 – ___ = 610

④ 780 – ___ = 720
770 – ___ = 719
760 – ___ = 718
750 – ___ = 717
740 – ___ = 716
730 – ___ = 715

⑤ Setze das Muster fort.

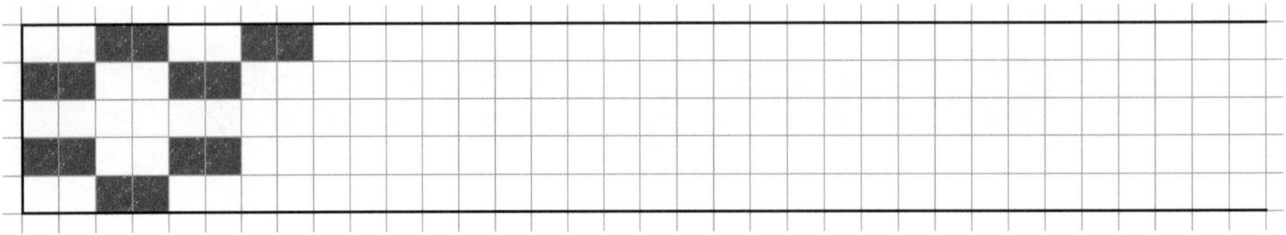

⑥ 215 + ___ = 315
652 + ___ = 952
807 + ___ = 907
111 + ___ = 511
539 + ___ = 739
360 + ___ = 860

⑦ 482 – ___ = 282
304 – ___ = 104
819 – ___ = 319
536 – ___ = 236
910 – ___ = 610
741 – ___ = 441

⑧ 231 + ___ = 500
388 + ___ = 700
150 + ___ = 400
474 + ___ = 800
752 + ___ = 900
643 + ___ = 1 000

⑨ ___ – 350 = 500
___ – 110 = 800
___ – 420 = 300
___ – 280 = 200
___ – 570 = 400
___ – 340 = 100

(1)

| + | 6 | 20 | 26 |
|---|---|---|---|
| 230 | | | |
| 474 | | | |
| 162 | | | |
| 506 | | | |
| 899 | | | |

(2)

| − | 7 | 30 | 37 |
|---|---|---|---|
| 660 | | | |
| 983 | | | |
| 337 | | | |
| 773 | | | |
| 105 | | | |

(3)

| + | 5 | 15 | 35 |
|---|---|---|---|
| 890 | | | |
| 265 | | | |
| 481 | | | |
| 666 | | | |
| 75 | | | |

(4)

| − | 4 | 14 | 54 |
|---|---|---|---|
| 904 | | | |
| 800 | | | |
| 760 | | | |
| 656 | | | |
| 545 | | | |

(5) Genau in der Mitte zwischen …

117 und 127 liegt ______.

919 und 923 liegt ______.

420 und 840 liegt ______.

800 und 300 liegt ______.

700 und 750 liegt ______.

210 und 610 liegt ______.

519 und 531 liegt ______.

311 und 345 liegt ______.

① Bilde jeweils die kleinste und die größte dreistellige Zahl.

2 5 7 | 4 1 8 | 0 3 9 | 6 1 1

_____ _____    _____ _____    _____ _____    _____ _____

② Welche Zahlen gehören zu den Buchstaben?

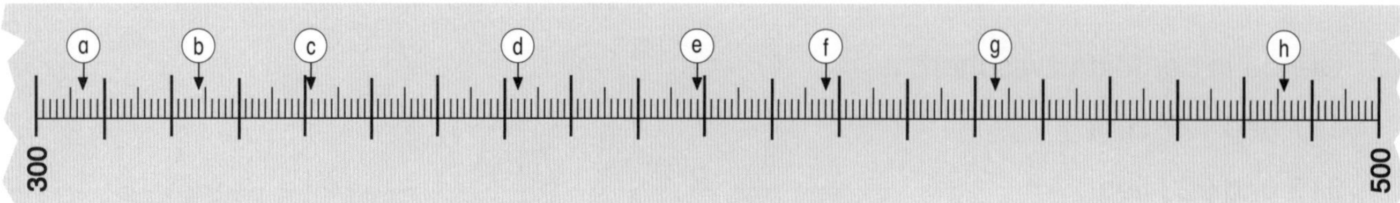


a = _____ b = _____ c = _____ d = _____ e = _____ f = _____ g = _____ h = _____

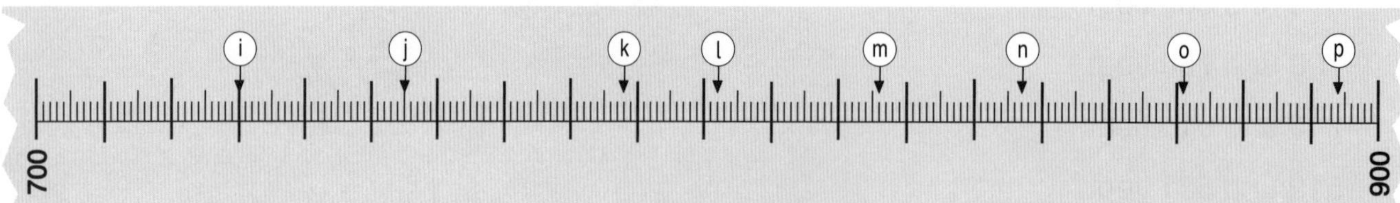


i = _____ j = _____ k = _____ l = _____ m = _____ n = _____ o = _____ p = _____

① Finde die Regel und setze die Zahlenfolgen fort.

236, 266, 316, 346, 396, ____, ____, ____, ____, ____, ____.

473, 433, 523, 483, 573, ____, ____, ____, ____, ____, ____.

724, 664, 684, 624, 644, ____, ____, ____, ____, ____, ____.

951, 943, 931, 923, 911, ____, ____, ____, ____, ____, ____.

② Welche Zahl passt nicht in die Folge? Streiche sie durch und schreibe die richtige Zahl in den Rahmen.

318, 388, 458, 528, 589, 668, 738

885, 860, 835, 810, 785, 770, 735

623, 632, 643, 650, 659, 668, 677

567, 556, 545, 534, 523, 511, 501

③ Ich denke mir eine Zahl. Sie liegt zwischen 435 und 500. Sie hat 9 E und 7 Z. Die Zahl heißt ____.

④ Ich denke mir eine Zahl. Sie liegt zwischen 300 und 400. Sie hat 4 E und doppelt so viele Z. Die Zahl heißt ____.

⑤ Ich denke mir eine Zahl. Sie liegt zwischen 100 und 1 000. Sie hat 2 E, viermal so viele H und keine Z. Die Zahl heißt ____.

Finde den Lösungssatz.

| A | D | E | F | H | I | L | M | N | P | R | S | T | U |
|---|---|---|---|---|---|---|---|---|---|---|---|---|---|
| 49 | 97 | 54 | 30 | 64 | 36 | 48 | 45 | 35 | 56 | 24 | 42 | 18 | 21 |

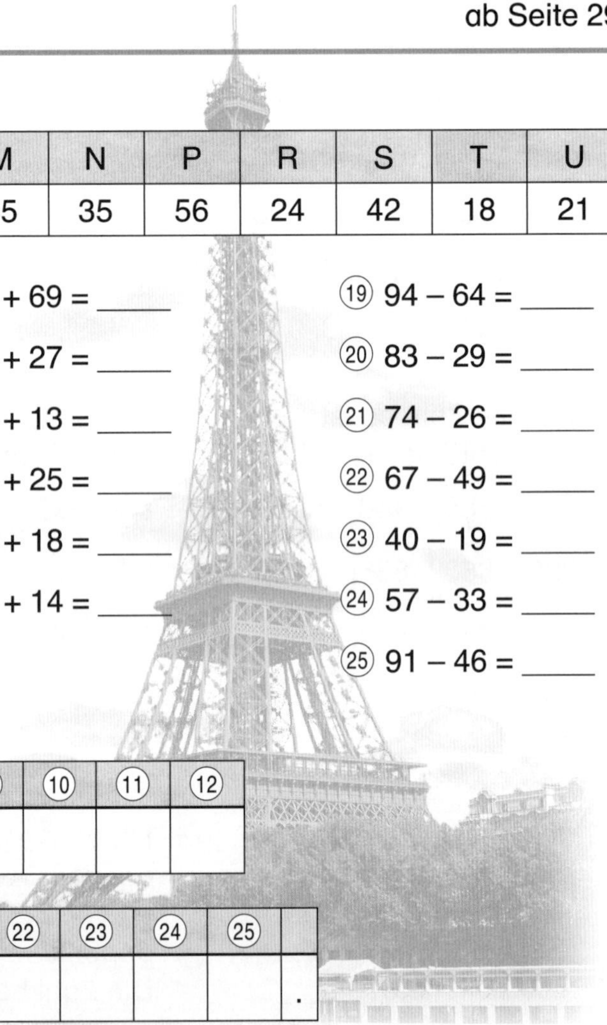

(1) $9 \cdot 4 =$ ____
(2) $5 \cdot 7 =$ ____
(3) $7 \cdot 8 =$ ____
(4) $7 \cdot 7 =$ ____
(5) $3 \cdot 8 =$ ____
(6) $6 \cdot 6 =$ ____

(7) ____ $: 6 = 7$
(8) ____ $: 2 = 21$
(9) ____ $: 3 = 6$
(10) ____ $: 6 = 9$
(11) ____ $: 8 = 8$
(12) ____ $: 9 = 2$

(13) $28 + 69 =$ ____
(14) $27 + 27 =$ ____
(15) $11 + 13 =$ ____
(16) $29 + 25 =$ ____
(17) $18 + 18 =$ ____
(18) $16 + 14 =$ ____

(19) $94 - 64 =$ ____
(20) $83 - 29 =$ ____
(21) $74 - 26 =$ ____
(22) $67 - 49 =$ ____
(23) $40 - 19 =$ ____
(24) $57 - 33 =$ ____
(25) $91 - 46 =$ ____

| (1) | (2) |
|---|---|
| | |

| (3) | (4) | (5) | (6) | (7) |
|---|---|---|---|---|
| | | | | |

| (8) | (9) | (10) | (11) | (12) |
|---|---|---|---|---|
| | | | | |

| (13) | (14) | (15) |
|---|---|---|
| | | |

| (16) | (17) | (18) | (19) | (20) | (21) | (22) | (23) | (24) | (25) | |
|---|---|---|---|---|---|---|---|---|---|---|
| | | | | | | | | | | . |

① Schreibe mit Ziffern.

dreihundertfünfundneunzig = ______

neunhundertdreiundfünfzig = ______

fünfhundertneununddreißig = ______

② Streiche die falsche Zahl durch und schreibe die richtige Zahl in den Rahmen.

776, 783, 790, 798, 804, 811, 818 ☐

413, 398, 383, 368, 353, 348, 323 ☐

172, 212, 252, 292, 322, 372, 412 ☐

③ Bilde mit den Ziffernkärtchen dreistellige Zahlen.

5 1 8

______ ______ ______

______ ______ ______

④ 271 + ______ = 600

327 + ______ = 800

562 + ______ = 900

140 + ______ = 700

408 + ______ = 500

⑤ 700 − ______ = 413

400 − ______ = 179

600 − ______ = 354

800 − ______ = 595

900 − ______ = 99

⑥ Ich denke mir eine Zahl. Sie liegt zwischen 300 und 700. Sie hat 2 Z, dreimal so viele H wie Z und halb so viele E wie H.
Die Zahl heißt ______.

⑦

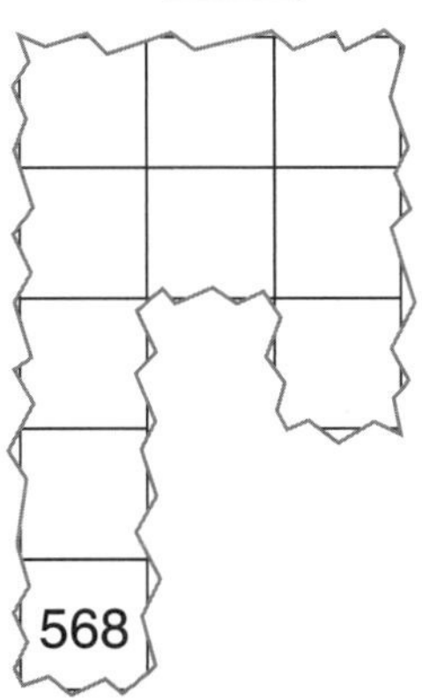


⑧

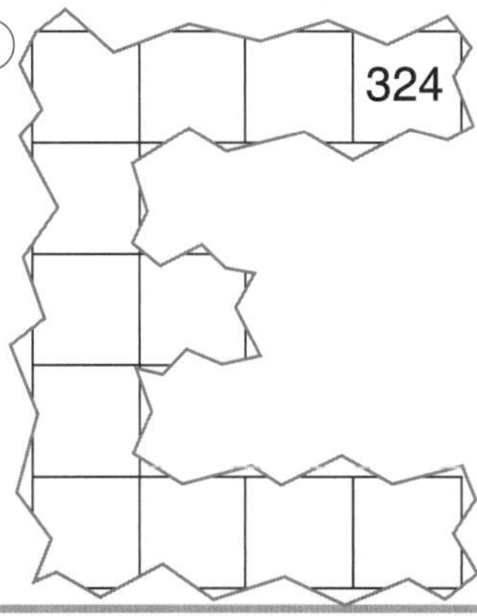

① Welche Verkehrszeichen sind symmetrisch? Zeichne die Symmetrieachsen ein.

② · 8 →

| | |
|---|---|
| | 32 |
| 6 | |
| | 64 |
| 3 | |

③ : 5 →

| | |
|---|---|
| | 3 |
| 35 | |
| | 9 |
| 25 | |

④ · 3 →

| | |
|---|---|
| 7 | |
| | 12 |
| 9 | |
| | 18 |

⑤ : 10 →

| | |
|---|---|
| 80 | |
| | 4 |
| 50 | |
| | 10 |

⑥

| + | 7 | 37 | 4 | 44 |
|---|---|---|---|---|
| 58 | | | | |
| 341 | | | | |
| 527 | | | | |
| 736 | | | | |
| 904 | | | | |

⑦ Setze ein: <, >, =.

| | | | | |
|---|---|---|---|---|
| 6 · 2 ◯ 18 | 3 · 8 ◯ 26 | 4 · 4 ◯ 16 | 6 · 6 ◯ 38 | 5 · 3 ◯ 14 |
| 7 · 8 ◯ 54 | 9 · 6 ◯ 56 | 8 · 3 ◯ 21 | 3 · 7 ◯ 21 | 9 · 5 ◯ 40 |
| 4 · 6 ◯ 24 | 5 · 4 ◯ 25 | 7 · 7 ◯ 64 | 2 · 9 ◯ 16 | 6 · 8 ◯ 48 |
| 3 · 4 ◯ 14 | 7 · 5 ◯ 35 | 2 · 8 ◯ 18 | 5 · 6 ◯ 30 | 4 · 7 ◯ 27 |

① Ergänze symmetrisch.

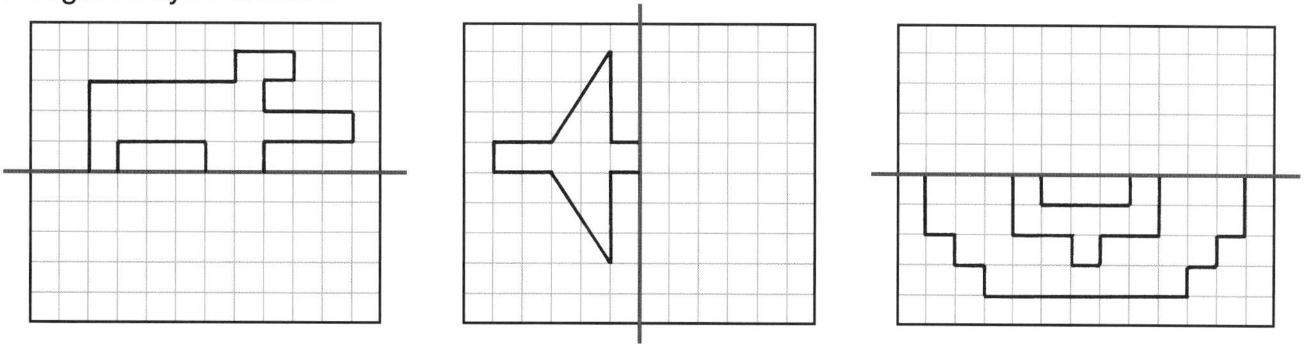

② Wie heißen die Zahlen, die bei den Buchstaben stehen müssten?

| | | | |
|---|---|---|---|
| | | | A |
| | 748 | | |
| B | | | |
| | | C | |

A: ______
B: ______
C: ______

| | | | |
|---|---|---|---|
| 662 | | D | |
| | E | | |
| | | | |
| | | | F |

D: ______
E: ______
F: ______

| | | | |
|---|---|---|---|
| | G | | |
| | | | |
| | | | H |
| I | | 583 | |

G: ______
H: ______
I: ______

③
5 · 4 = ____
7 · 6 = ____
8 · 2 = ____
4 · 9 = ____
5 · 8 = ____

④
7 · ____ = 28
4 · ____ = 24
3 · ____ = 27
2 · ____ = 6
8 · ____ = 72

⑤
____ · 5 = 35
____ · 4 = 32
____ · 9 = 54
____ · 6 = 30
____ · 8 = 24

⑥
48 : 8 = ____
36 : 6 = ____
12 : 3 = ____
18 : 2 = ____
56 : 7 = ____

⑦
______ + 456 = 600
______ – 179 = 400
______ + 215 = 500
______ – 532 = 200
______ + 148 = 900

In dem Spiegelbild sind 10 Fehler. Finde sie.
Zeichne das Bild ohne Fehler in dein Heft.

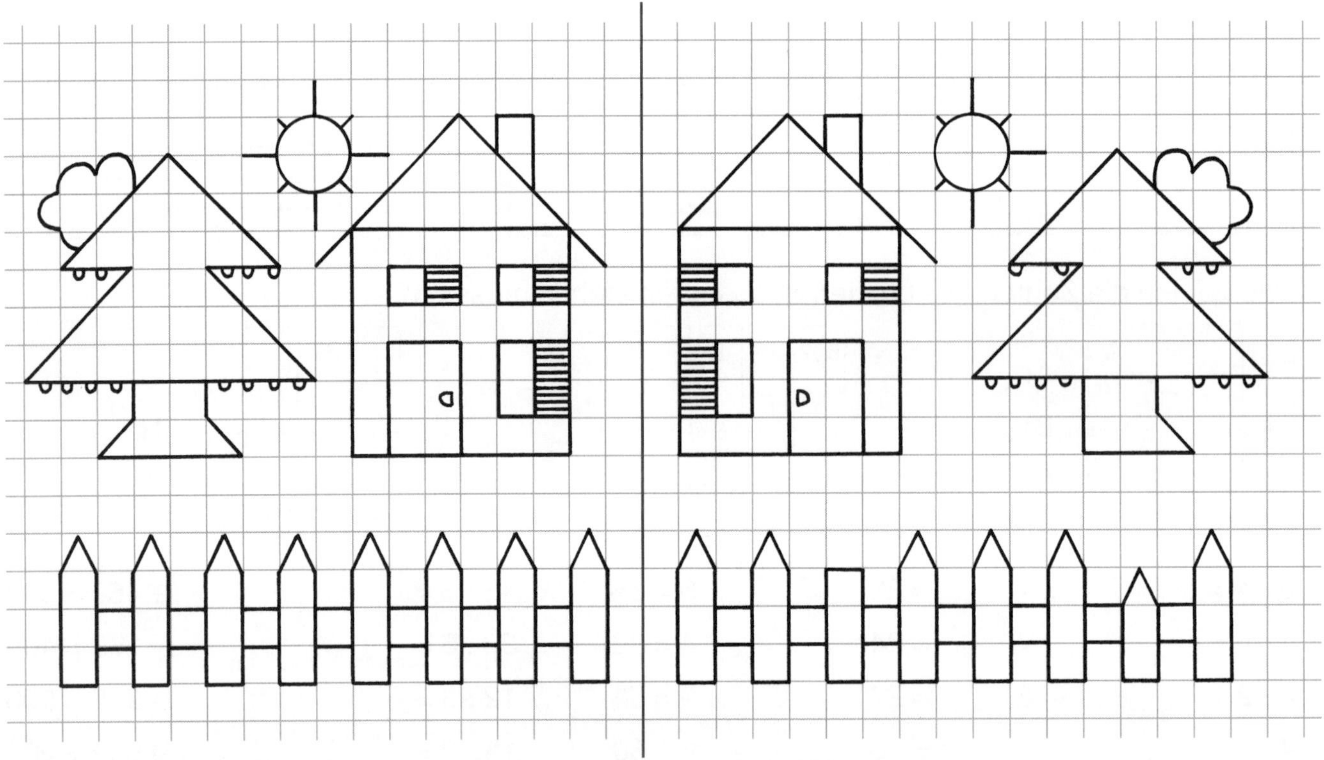

① Wie heißen die Städte?

sirɒP = ____________________

birbɒM = ____________________

nilɿɘB = ____________________

nobno⅃ = ____________________

②

Zeichne die Symmetrieachsen ein und male die Flaggen in der richtigen Farbe an.

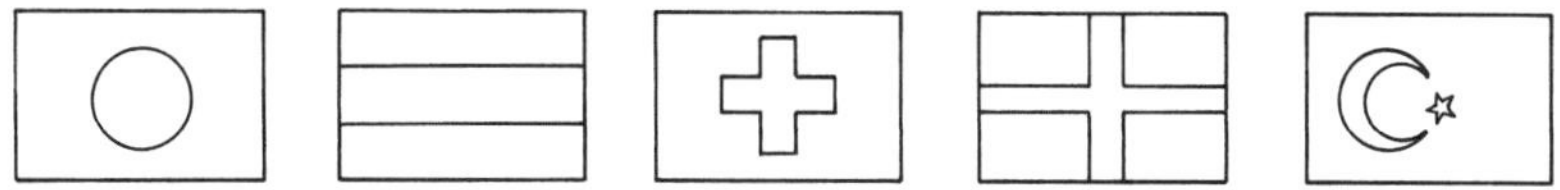

③ 480 + ______ = 530
320 + ______ = 410
760 + ______ = 840
210 + ______ = 320
590 + ______ = 680

④ 570 – ______ = 490
330 – ______ = 250
450 – ______ = 380
680 – ______ = 590
910 – ______ = 830

⑤ ______ + 530 = 680
______ + 270 = 390
______ + 840 = 920
______ + 350 = 470
______ + 620 = 730

⑥ ______ – 340 = 130
______ – 610 = 90
______ – 290 = 110
______ – 880 = 120
______ – 560 = 140

⑦ 16 : 8 = ______ 2 · 8 = 16
18 : 8 = ______ ____________________
56 : 7 = ______ ____________________
59 : 7 = ______ ____________________
36 : 4 = ______ ____________________
39 : 4 = ______ ____________________

⑧ 24 : 6 = ______ ____________________
27 : 6 = ______ ____________________
27 : 9 = ______ ____________________
35 : 9 = ______ ____________________
40 : 5 = ______ ____________________
44 : 5 = ______ ____________________

ab Seite 36

① 26 + 7 = ______
26 + 70 = ______
26 + 77 = ______
226 + 7 = ______
226 + 70 = ______
______________
______________
______________

② 55 − 5 = ______
55 − 50 = ______
55 − 55 = ______
355 − 5 = ______
355 − 50 = ______
______________
______________
______________

③ 48 + 6 = ______
48 + 60 = ______
48 + 66 = ______
448 + 6 = ______
448 + 60 = ______
______________
______________
______________

④ 71 − 4 = ______
71 − 40 = ______
71 − 44 = ______
171 − 4 = ______
171 − 40 = ______
______________
______________
______________

⑤ Setze das Muster in beide Richtungen fort und male es an.

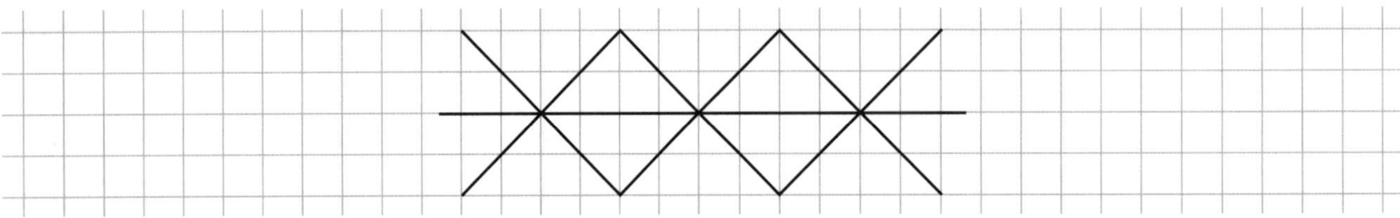

⑥

| | | | | | |
|---|---|---|---|---|---|
| 70 | 94 | | 76 | | 52 |
| 60 | | 85 | | 69 | |
| 130 | 180 | 150 | 140 | 120 | 110 |

⑦

| | | | | | |
|---|---|---|---|---|---|
| 160 | | 181 | | 146 | |
| 90 | 64 | | 77 | | 83 |
| 70 | 90 | 60 | 80 | 50 | 40 |

ab Seite 37

① 158 + 8 = ______
158 + 80 = ______
158 + 800 = ______

② 478 + 5 = ______
478 + 50 = ______
478 + 500 = ______

③ 935 – 7 = ______
935 – 70 = ______
935 – 700 = ______

④ 804 – 6 = ______
804 – 60 = ______
804 – 600 = ______

⑤ 22 : 7 = 3 R 1    3 · 7 = 21    21 + 1 = 22

34 : 7 = ______ ____________

12 : 7 = ______ ____________

45 : 7 = ______ ____________

19 : 7 = ______ ____________

54 : 7 = ______ ____________

62 : 7 = ______ ____________

26 : 7 = ______ ____________

48 : 7 = ______ ____________

67 : 7 = ______ ____________

⑥ Ergänze die fehlenden Zahlen.
Die Summe in jeder Reihe und jeder Spalte ist immer 65.

| | | | | |
|---|---|---|---|---|
| 11 | 16 | | 20 | 3 |
| 4 | 12 | | | 16 |
| 9 | | 13 | 21 | |
| | 18 | 1 | | 22 |
| 23 | | 19 | | 15 |

⑦

| | | |
|---|---|---|
| 17 | | 38 |
| 19 | | 41 |
| | | 79 |

⑧

| | | |
|---|---|---|
| 19 | 26 | |
| 25 | 27 | |
| | | 97 |

⑨

| | | |
|---|---|---|
| | | |
| 26 | 24 | |
| 42 | 38 | 80 |

⑩

| | | |
|---|---|---|
| | 14 | 38 |
| | 22 | 40 |
| | | 78 |

① 7 + 147 = ____ 
70 + 147 = ____ 
700 + 147 = ____

② 9 + 89 = ____ 
90 + 89 = ____ 
900 + 89 = ____

③ ____ − 8 = 165 
____ − 80 = 165 
____ − 800 = 165

④ ____ − 6 = 297 
____ − 60 = 297 
____ − 600 = 297

⑤ 18 : 8 = 2 R 2  2 · 8 = 16  16 + 2 = 18

36 : 8 = ____ ____________ 
46 : 8 = ____ ____________ 
28 : 8 = ____ ____________ 
54 : 8 = ____ ____________ 
68 : 8 = ____ ____________ 
15 : 8 = ____ ____________ 
38 : 8 = ____ ____________ 
42 : 8 = ____ ____________ 
76 : 8 = ____ ____________

⑥ Wie kommst du mit diesen Ziffern und Zeichen genau auf 100?

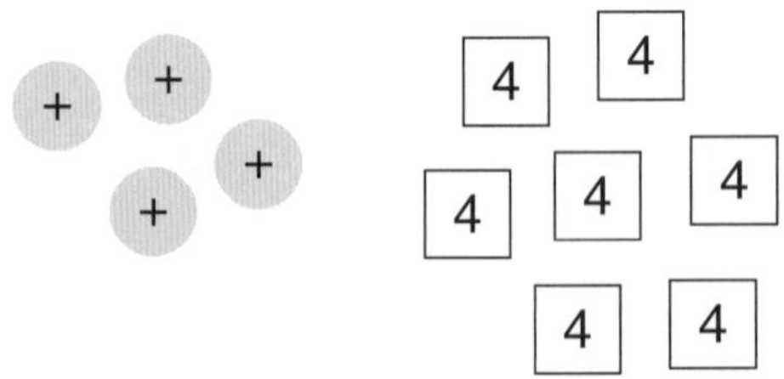


____________ = 100

⑦

| | | | | | |
|---|---|---|---|---|---|
| 230 | 160 | | 580 | | 640 |
| 450 | | 370 | | 320 | |
| 680 | 530 | 740 | 910 | 460 | 850 |

⑧

| | | | | | |
|---|---|---|---|---|---|
| 910 | | 820 | | 740 | |
| 530 | 460 | | 380 | | 270 |
| 380 | 250 | 470 | 590 | 160 | 680 |

① 32 : 9 = 3 R 5 3 · 9 = 27 27 + 5 = 32

49 : 9 = ______ ______________________

17 : 9 = ______ ______________________

56 : 9 = ______ ______________________

23 : 9 = ______ ______________________

85 : 9 = ______ ______________________

64 : 9 = ______ ______________________

70 : 9 = ______ ______________________

8 : 9 = ______ ______________________

91 : 9 = ______ ______________________

② Spiegle die Figur an der Symmetrieachse.

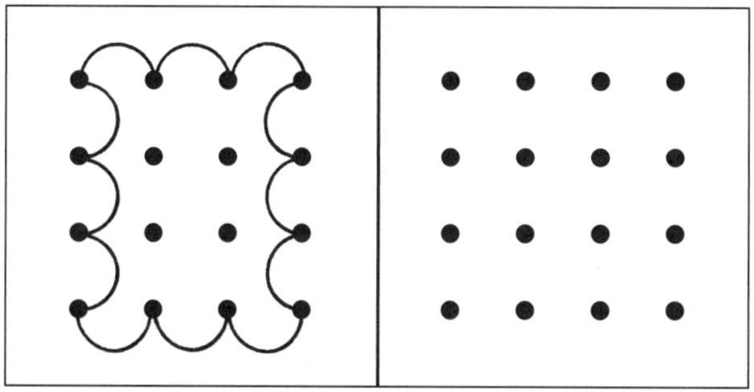

③ Ich denke mir eine Zahl.
Sie ist um 40 größer als das Doppelte von 200.

Die Zahl heißt ______.

④ Ich denke mir eine Zahl.
Ich verdopple sie und addiere 1. Das Ergebnis ist dann 1 001.

Die Zahl heißt ______.

⑤

5□ + 33 = 88

7□ + □6 = 94

□8 + 3□ = 82

⑥

□4 – 32 = 52

7□ – □6 = 48

□3 – 29 = 4□

① 

| | | | | | |
|---|---|---|---|---|---|
| 36 | 47 | | 52 | | 18 |
| 54 | | 29 | | 63 | |
| 90 | 81 | 72 | 93 | 81 | 63 |

② 

| | | | | | |
|---|---|---|---|---|---|
| 670 | | 829 | | 901 | |
| 230 | 505 | | 306 | | 428 |
| 440 | 250 | 430 | 595 | 199 | 182 |

③
42 : 5 = ______
63 : 8 = ______
34 : 4 = ______
48 : 7 = ______
24 : 9 = ______
56 : 6 = ______

④
367 + 6 = ______
367 + 60 = ______
367 + 600 = ______
821 − 8 = ______
821 − 80 = ______
821 − 800 = ______

⑤
732 + 9 = ______
732 + 39 = ______
732 + 89 = ______
574 − 7 = ______
574 − 47 = ______
574 − 97 = ______

⑥

Ergänze symmetrisch.

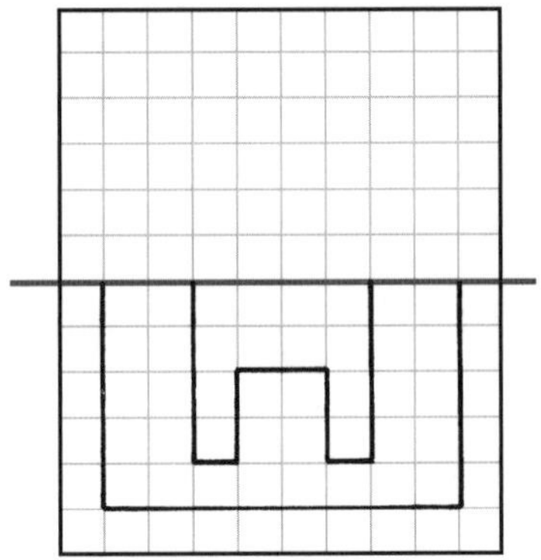

⑦ Setze ein: <, >, =.

7 · 8 ○ 58 48 : 6 ○ 7 26 + 62 ○ 88 91 − 79 ○ 20

4 · 6 ○ 21 72 : 9 ○ 9 17 + 44 ○ 63 85 − 58 ○ 23

⑧

| | | |
|---|---|---|
| | 38 | 40 |
| 19 | | 62 |
| | | |

⑨

| | | |
|---|---|---|
| 27 | 14 | |
| 35 | | |
| | | 80 |

① Schreibe mit Komma.

120 ct = ______

100 ct = ______

12 ct = ______

102 ct = ______

210 ct = ______

2 ct = ______

② Schreibe in ct.

6,04 € = ______

4,60 € = ______

0,46 € = ______

4,06 € = ______

60,04 € = ______

0,06 € = ______

③ Schreibe in € und ct.

751 ct = ______

17 ct = ______

157 ct = ______

5,71 € = ______

5,01 € = ______

10,57 € = ______

④ Verwende möglichst wenig Scheine und Münzen.

235 € = 200 € + 20 € + ______

517 € = ______

1 394 € = ______

______

83,64 € = ______

______

707,77 € = ______

______

⑤ Setze die Zahlen 5 5 5 5 5 15 15 20 20 20 so ein, dass es auf jeder Linie die Summe 55 ergibt.

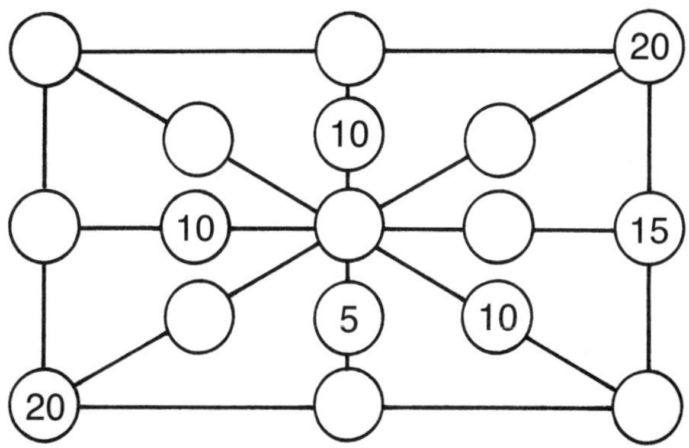

① Zeichne 585 € mit 5 Scheinen.

② Zeichne 313 € mit 3 Scheinen und 3 Münzen.

③ Zeichne 555,55 € mit 5 Scheinen und 5 Münzen.

④

| · | 6 |
|---|---|
| 4 | |
| | 30 |
| 9 | |
| | 18 |
| 7 | |
| | 0 |
| 2 | |
| | 48 |

⑤

| : | 5 |
|---|---|
| 40 | |
| | 4 |
| 15 | |
| | 7 |
| 25 | |
| | 6 |
| 0 | |
| | 9 |

⑥

| + | 7 |
|---|---|
| 258 | |
| | 371 |
| 509 | |
| | 185 |
| 464 | |
| | 902 |
| 666 | |
| | 840 |

⑦

| − | 11 |
|---|---|
| 404 | |
| | 303 |
| 101 | |
| | 505 |
| 707 | |
| | 909 |
| 202 | |
| | 606 |

Finde den Lösungssatz.

| B | C | D | E | F | H | I | M | N | O | P | R | S | T |
|---|---|---|---|---|---|---|---|---|---|---|---|---|---|
| 56 | 54 | 64 | 48 | 72 | 32 | 49 | 28 | 52 | 63 | 42 | 24 | 36 | 96 |

(1) 8 · 8 = ____
(2) 6 · 8 = ____
(3) 4 · 6 = ____
(4) 7 · 6 = ____
(5) 12 · 4 = ____
(6) 12 · 8 = ____
(7) 2 · 24 = ____
(8) 3 · 8 = ____

(9) ____ : 4 = 9
(10) ____ : 8 = 8
(11) ____ : 9 = 7
(12) ____ : 4 = 7
(13) ____ : 7 = 8
(14) ____ : 8 = 6
(15) ____ : 9 = 8
(16) ____ : 7 = 7

(17) 16 + 36 = ____
(18) 27 + 37 = ____
(19) 23 + 25 = ____
(20) 29 + 67 = ____
(21) 21 + 15 = ____
(22) 18 + 31 = ____
(23) 26 + 28 = ____
(24) 15 + 17 = ____

(25) 83 – 34 = ____
(26) 79 – 27 = ____
(27) 63 – 39 = ____
(28) 91 – 28 = ____
(29) 82 – 54 = ____

| (1) | (2) | (3) |
|---|---|---|
| | | |

| (4) | (5) | (6) | (7) | (8) | (9) | (10) | (11) | (12) |
|---|---|---|---|---|---|---|---|---|
| | | | | | | | | |

| (13) | (14) | (15) | (16) | (17) | (18) | (19) | (20) |
|---|---|---|---|---|---|---|---|
| | | | | | | | |

| (21) | (22) | (23) | (24) |
|---|---|---|---|
| | | | |

| (25) | (26) |
|---|---|
| | |

| (27) | (28) | (29) | |
|---|---|---|---|
| | | | . |

ab Seite 45

① 4 · 3 = ____ 8 · 9 = ____ 3 · 5 = ____ 6 · 4 = ____ 9 · 5 = ____

4 · 30 = ____ 8 · 90 = ____ 3 · 50 = ____ 6 · 40 = ____ 9 · 50 = ____

② 3 · 90 = ____ 70 · 6 = ____

5 · 20 = ____ 80 · 2 = ____

4 · 10 = ____ 60 · 8 = ____

8 · 40 = ____ 50 · 7 = ____

③ ___ · 20 = 40 ___ · 10 = 50

7 · 40 = ____ 4 · 80 = ____

___ · 50 = 450 ___ · 90 = 180

3 · 80 = ____ 6 · 50 = ____

④ ___ · 4 = 36 5 · ____ = 20 ____ · 7 = 21 4 · ____ = 32 6 · ____ = 48

___ · 40 = 360 5 · ____ = 200 ____ · 70 = 210 4 · ____ = 320 6 · ____ = 480

⑤ 80 · ____ = 560 60 · ____ = 300 30 · ____ = 180 50 · ____ = 500 70 · ____ = 490

20 · ____ = 140 90 · ____ = 810 40 · ____ = 160 10 · ____ = 100 100 · ____ = 900

⑥ Jeweils eine Zahl passt nicht. Streiche sie durch.

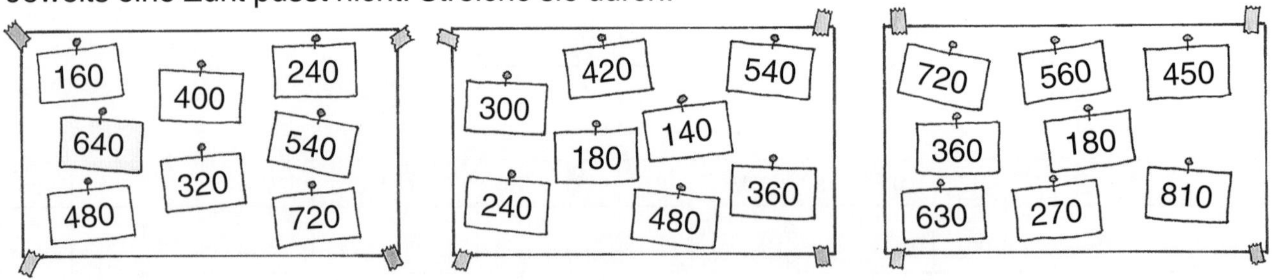

① 

| · | 10 | 5 |
|---|---|---|
| 9 | | |

90 + 45 = ______

9 · 15 = ______

② 

| · | 10 | 3 |
|---|---|---|
| 8 | | |

80 + ______

______

③ 

| · | 10 | 6 |
|---|---|---|
| 7 | | |

______

______

④ 

| · | 10 | 9 |
|---|---|---|
| 6 | | |

______

______

⑤ $7 \cdot 14 + 2 \cdot 14 =$ ______

$9 \cdot 14 =$ ______

⑥ $3 \cdot 17 + 4 \cdot 17 =$ ______

______ $\cdot 17 =$ ______

⑦ $19 \cdot 4 - 7 \cdot 4 =$ ______

______ $\cdot 4 =$ ______

⑧ $8 \cdot 13 - 5 \cdot 13 =$ ______

______ $\cdot 13 =$ ______

⑨ $8 \cdot 5 + 12 \cdot 5 =$ ______

______

⑩ $15 \cdot 6 - 9 \cdot 6 =$ ______

______

⑪ Ich denke mir eine Zahl. Sie gehört zur 15er-Reihe und zur 20er-Reihe. Es ist die Zahl: ______.

⑫ Ich denke mir eine Zahl. Sie liegt zwischen 80 und 90 und gehört zur 17er-Reihe. Es ist die Zahl: ______.

⑬ Ich denke mir eine Zahl. Sie ist kleiner als 200, größer als 180 und gehört zur 19er-Reihe. Es ist die Zahl: ______.

① 

| · | 60 | 2 | 62 |
|---|---|---|---|
| 3 | | | |
| 5 | | | |
| 7 | | | |

② 

| · | 80 | 4 | 84 |
|---|---|---|---|
| 4 | | | |
| 6 | | | |
| 8 | | | |

③ 

| · | 20 | 7 | 27 |
|---|---|---|---|
| 2 | | | |
| 5 | | | |
| 9 | | | |

④ 

| · | 90 | 8 | 98 |
|---|---|---|---|
| 4 | | | |
| 7 | | | |
| 3 | | | |

⑤

5 · 7 = ______
5 · 10 = ______
5 · 17 = ______
5 · 70 = ______
5 · 77 = ______

5 · 100 = ______
5 · 107 = ______
5 · 117 = ______
5 · 170 = ______
5 · 177 = ______

⑥

4 · 9 = ______
4 · 10 = ______
4 · 19 = ______
4 · 90 = ______
4 · 99 = ______

4 · 100 = ______
4 · 109 = ______
4 · 119 = ______
4 · 190 = ______
4 · 199 = ______

⑦ Setze ein: <, >, =.

4 · 17 ○ 8 · 12
6 · 12 ○ 8 · 9
19 · 3 ○ 4 · 15
6 · 15 ○ 72 + 29
87 + 58 ○ 360 : 3

60 : 6 ○ 56 : 8
5 · 80 ○ 70 · 9
16 · 5 ○ 160 : 2
4 · 13 ○ 300 – 234
193 – 104 ○ 240 : 3

⑧

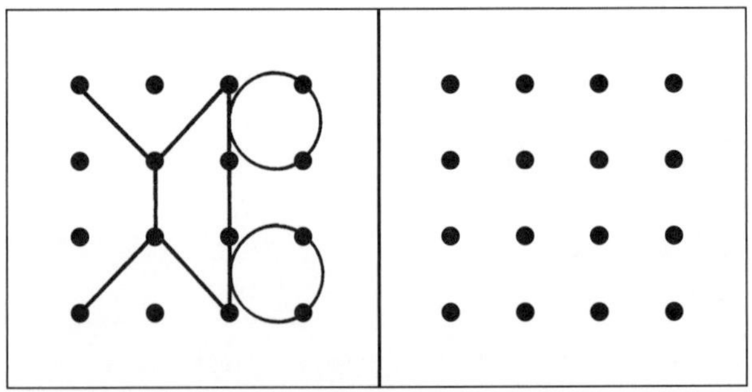

① 42 : 7 = ___ K: ___ · 7 = 42

16 : 8 = ___ K: ___________

18 : 9 = ___ K: ___________

48 : 6 = ___ K: ___________

24 : 4 = ___ K: ___________

30 : 5 = ___ K: ___________

② 32 : ___ = 4 K: ___________

18 : ___ = 6 K: ___________

24 : ___ = 3 K: ___________

45 : ___ = 9 K: ___________

64 : ___ = 8 K: ___________

56 : ___ = 7 K: ___________

③ Ich denke mir eine Zahl. Wenn ich sie durch 9 dividiere, erhalte ich 4, wenn ich sie durch 6 dividiere, erhalte ich 6. Die Zahl heißt ______.

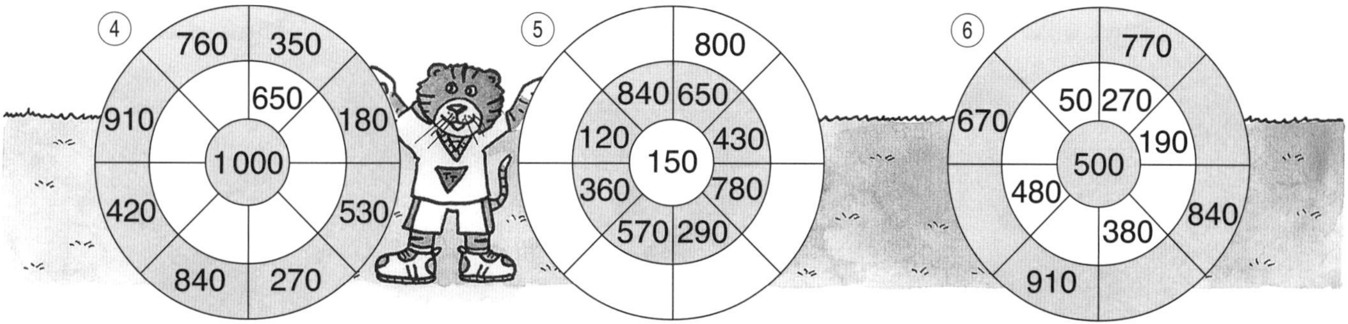


⑦ 43 : 8 = ___ R ___ K: ___________________

66 : 7 = ________ K: ___________________

43 : 5 = ________ K: ___________________

19 : 6 = ________ K: ___________________

38 : 4 = ________ K: ___________________

⑧ 53 : 5 = ________ K: ___________________

14 : 3 = ________ K: ___________________

23 : 8 = ________ K: ___________________

44 : 9 = ________ K: ___________________

54 : 7 = ________ K: ___________________

① 49 : 7 = ___

490 : 7 = ___

490 : 70 = ___

② 40 : 8 = ___

400 : 8 = ___

400 : 80 = ___

③ 35 : 5 = ___

350 : 50 = ___

350 : 5 = ___

④ 72 : 9 = ___

720 : 90 = ___

720 : 9 = ___

⑤ 42 : 6 = ___

420 : 6 = ___

420 : 60 = ___

⑥ : 4 →

| | |
|---|---|
| | 40 |
| 280 | |
| | 30 |
| 360 | |
| | 80 |
| 240 | |

⑦ : 50 →

| | |
|---|---|
| 350 | |
| | 3 |
| 100 | |
| | 8 |
| 300 | |
| | 9 |

⑧ 280 : 40 = ___

___ : 70 = 3

350 : ___ = 7

480 : 6 = ___

___ : 3 = 60

360 : ___ = 40

120 : 30 = ___

___ : 60 = 9

⑨ 560 : ___ = 7

240 : 8 = ___

___ : 5 = 90

640 : ___ = 80

420 : 70 = ___

___ : 40 = 6

810 : ___ = 9

___ : 9 = 50

⑩ Finde Divisionsaufgaben.

320 32 8 80 40 4

___

___

___

___

___

___

⑪

180 18 3 30 60 6

___

___

___

___

___

___

① 

| | | | | | |
|---|---|---|---|---|---|
| 630 | | 420 | | 320 | |
| 90 | 40 | | 60 | | 30 |
| 7 | 5 | 6 | 9 | 4 | 8 |

② 

| | | | | | |
|---|---|---|---|---|---|
| 50 | 40 | | 70 | | 20 |
| 7 | | 6 | | 8 | |
| 350 | 200 | 480 | 280 | 560 | 180 |

③ 36 : 7 = ________ K: ________________

19 : 3 = ________ K: ________________

44 : 5 = ________ K: ________________

56 : 6 = ________ K: ________________

27 : 8 = ________ K: ________________

38 : 4 = ________ K: ________________

④ Schreibe die Geldbeträge auf zwei weitere Arten.

6,38 € = ________ = ________

194 ct = ________ = ________

3 € 7 ct = ________ = ________

20,05 € = ________ = ________

2 ct = ________ = ________

⑤

| · | 70 | 8 | 78 |
|---|---|---|---|
| 2 | | | |
| 4 | | | |
| 7 | | | |
| 9 | | | |

⑥ Zeichne 345,12 € mit 5 Scheinen und 5 Münzen.

⑦

Ich denke mir eine Zahl. Wenn ich sie durch 3 dividiere, erhalte ich 80, wenn ich sie durch 40 dividiere, erhalte ich 6.

Die Zahl heißt ______.

① 98 : 7 = ______
70 : 7 = ______
28 : 7 = ______

② 96 : 8 = ______

③ 72 : 4 = ______

④ 84 : 6 = ______

⑤ 45 : 3 = ______

⑥ 104 : 4 = ______

⑦ 87 : 3 = ______

⑧ 156 : 6 = ______

⑨ 207 : 9 = ______

⑩ 256 : 8 = ______

⑪
______ + 797 = 806
______ + 399 = 511
______ + 693 = 727
______ + 488 = 519
______ + 821 = 922
______ + 506 = 605

⑫
427 – 35 = ______
843 – 62 = ______
546 – 98 = ______
219 – 84 = ______
767 – 76 = ______
304 – 43 = ______

⑬

| + | 9 | 29 | 329 | 7 | 57 | 557 |
|---|---|---|---|---|---|---|
| 358 | | | | | | |
| 427 | | | | | | |
| 293 | | | | | | |
| 106 | | | | | | |

⑭

| | | |
|---|---|---|
| | 380 | 500 |
| 190 | | 420 |
| | | |

⑮

| | | |
|---|---|---|
| 150 | | 350 |
| | | |
| 210 | | 600 |

⑯

| | | |
|---|---|---|
| | | 275 |
| 125 | 185 | |
| | 360 | |

⑰

| | | |
|---|---|---|
| | | 380 |
| | 215 | |
| 435 | | 1000 |

① Dividiere 54 durch 6 und das Ergebnis durch 3.

② Dividiere 48 durch 8. Multipliziere das Ergebnis mit 4 und dividiere dieses Ergebnis durch 3.

③ Multipliziere 6 mit 6. Dividiere das Ergebnis durch 9. Addiere dann 24. Dividiere dieses Ergebnis dann noch durch 7.

④ Dividiere 81 durch 9, subtrahiere 4, multipliziere dann mit 10 und addiere zum Schluss 50.

⑤ 48 + 48 = _____
57 + 57 = _____
69 + 69 = _____
76 + 76 = _____

⑥ 92 – 37 = _____
83 – 54 = _____
75 – 46 = _____
65 – 29 = _____

⑦ 256 + 256 = _____
439 + 439 = _____
397 + 397 = _____
198 + 198 = _____

⑧ 307 – 296 = _____
502 – 489 = _____
404 – 377 = _____
601 – 510 = _____

①

| Zahl | 48 | 679 | 783 | 35 | 817 | 184 | 337 | 102 | 96 | 405 | 951 |
|---|---|---|---|---|---|---|---|---|---|---|---|
| gerundet auf volle Zehner | 50 | | | | | | | | | | |

②

| Zahl | 711 | 880 | 383 | 449 | 561 | 238 | 75 | 336 | 950 | 28 | 505 |
|---|---|---|---|---|---|---|---|---|---|---|---|
| gerundet auf volle Hunderter | 700 | | | | | | | | | | |

③

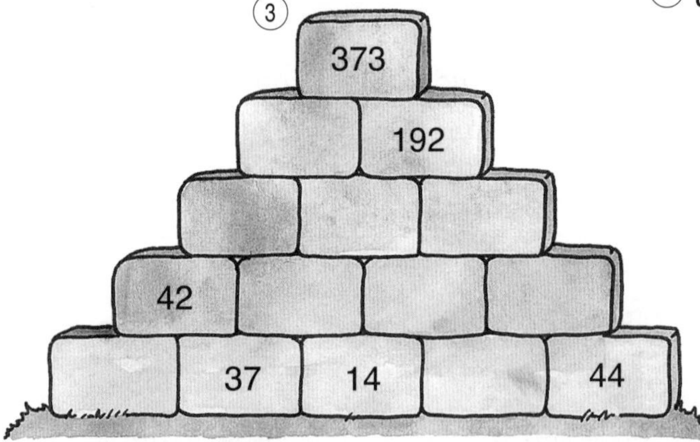


④ Jede Reihe und Spalte soll die Summe 39 ergeben.

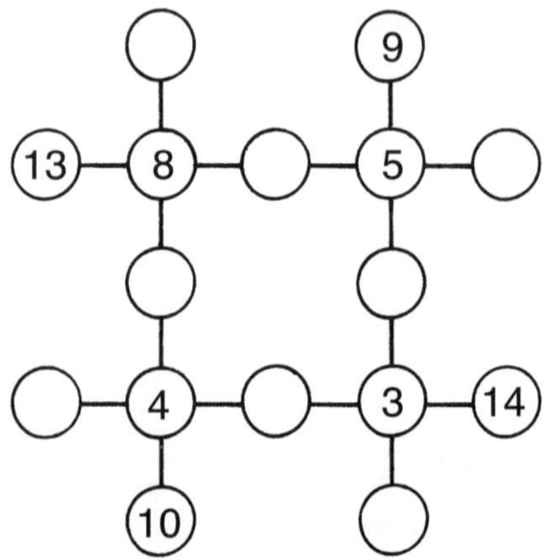

ab Seite 53

① Runde auf volle Eurobeträge.

0,74 € ≈ ______ 12,80 € ≈ ______ 211,91 € ≈ ______

8,09 € ≈ ______ 70,71 € ≈ ______ 550,50 € ≈ ______

1,60 € ≈ ______ 58,13 € ≈ ______ 349,49 € ≈ ______

0,49 € ≈ ______ 24,54 € ≈ ______ 100,62 € ≈ ______

② Runde auf volle Zehner-Eurobeträge.

76 € ≈ ______ 63,85 € ≈ ______ 135,25 € ≈ ______

14 € ≈ ______ 2,79 € ≈ ______ 707,07 € ≈ ______

141 € ≈ ______ 17,17 € ≈ ______ 260,52 € ≈ ______

950 € ≈ ______ 80,80 € ≈ ______ 600,99 € ≈ ______

③

| · | 6 | 16 | 66 |
|---|---|---|---|
| 3 | | | |
| 5 | | | |
| 7 | | | |
| 9 | | | |

④

| + | 4 | 44 | 444 |
|---|---|---|---|
| 57 | | | |
| 89 | | | |
| 208 | | | |
| 556 | | | |

⑤ Ordne den Rechnungen die Ergebnisse zu. Verwende dazu die Überschlagsrechnung.

4,36 €
1,58 €
+ 2,13 €
______

12,75 €
17,10 €
+ 21,95 €
______

0,51 €
4,42 €
2,94 €
+ 1,07 €
______

7,34 €
0,92 €
22,65 €
+ 18,19 €
______

49,10 €

8,94 €

51,80 €

8,07 €

Wie schwer sind die Dinge? Ordne die Gewichtsangaben zu.

(1)

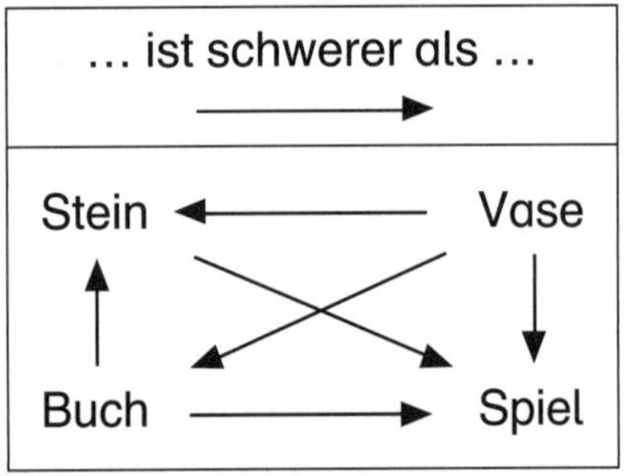


836 g | 783 g | 867 g | 763 g

Der Stein wiegt ______________ .

Die Vase wiegt ______________ .

Das Buch wiegt ______________ .

Das Spiel wiegt ______________ .

(2)

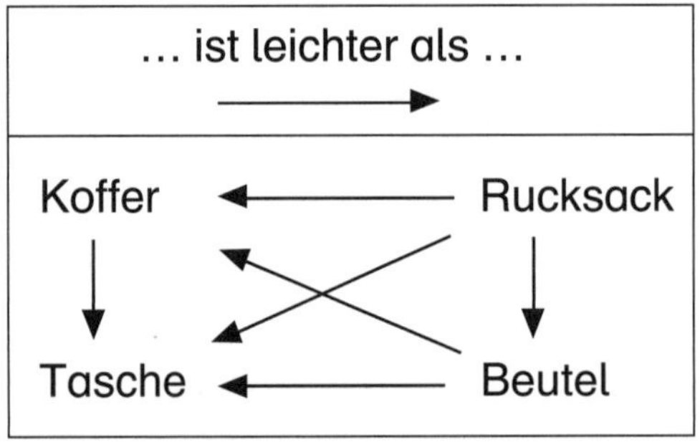


15 kg 650 g | 14 kg 930 g | 14 kg 390 g | 15 kg 560 g

Der Koffer wiegt ______________ .

Der Rucksack wiegt ______________ .

Die Tasche wiegt ______________ .

Der Beutel wiegt ______________ .

(3)

| : | 6 | 8 | 40 |
|---|---|---|---|
| 240 | | | |
| 720 | | | |
| 480 | | | |
| 960 | | | |

(4)

| – | 3 | 33 | 333 |
|---|---|---|---|
| 567 | | | |
| 678 | | | |
| 789 | | | |
| 890 | | | |

(5) Setze die Zahlen richtig ein.
Verwende jede Zahl nur einmal.

448, 449, 453, 454, 901, 903

____ + ____ = ____

____ – ____ = ____

Du hast jedes dieser Gewichtsstücke mehrfach zur Verfügung.

① Zeichne 404 g mit 4 Gewichtsstücken.

② Zeichne 870 g mit 5 Gewichtsstücken.

③ Zeichne 660 g mit 6 Gewichtsstücken.

④ Zeichne 756 g mit 7 Gewichtsstücken.

⑤ Zeichne 1 kg mit 8 Gewichtsstücken.

⑥ Zeichne $\frac{1}{2}$ kg mit 9 Gewichtsstücken.

| | | | |
|---|---|---|---|
| ⑦ 934 + ____ = 981 | ⑧ 521 – ____ = 498 | ⑨ ____ + 376 = 407 | ⑩ ____ – 827 = 95 |
| 758 + ____ = 802 | 252 – ____ = 203 | ____ + 684 = 703 | ____ – 406 = 101 |
| 593 + ____ = 710 | 678 – ____ = 567 | ____ + 135 = 245 | ____ – 912 = 8 |

① Ordne die Gewichtsangaben zu.

| 500 g | 200 g |
| 850 g | 40 g |
| 150 g | |

Keksrolle: ____________________

Tennisball: ____________________

Banane: ____________________

$\frac{1}{2}$ l Milch: ____________________

Flasche Sprudel: ____________________

② Wie viel kg Kartoffeln sind es?
Fülle die Tabelle aus.

| Kisten | kg Kartoffeln |
|---|---|
| 1 | |
| 3 | 45 kg |
| 4 | |
| 5 | |
| 8 | |
| 10 | |
| 12 | |

③ Ergänze zu 1 kg.

179 g + ________

643 g + ________

________ + 261 g

________ + 894 g

④ Ergänze zu $\frac{1}{2}$ kg.

489 g + ________

185 g + ________

________ + 372 g

________ + 101 g

⑤ Wie schwer sind die Dinge?

Die Äpfel wiegen ________.

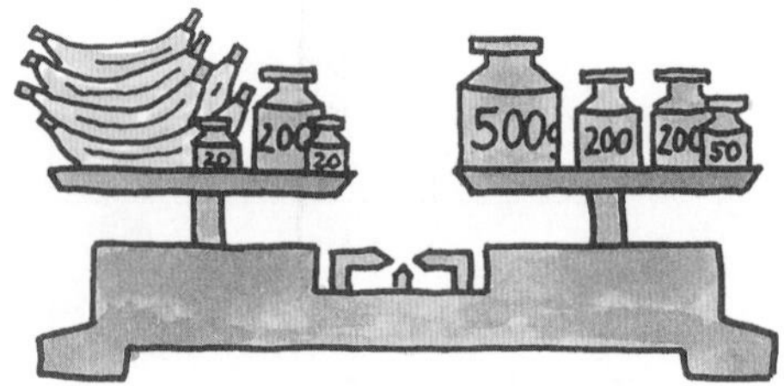


Die Bananen wiegen ________.

Die Birnen wiegen ________.

① Merke:

1 kg = ________ g

$\frac{3}{4}$ kg = ________ g

$\frac{1}{4}$ kg = ________ g

$\frac{1}{2}$ kg = ________ g

② Verdopple die Gewichtsangaben.

205 g → ________

3 kg 250 g → ________

515 g → ________

$\frac{3}{4}$ kg → ________

③ Halbiere die Gewichtsangaben.

$\frac{1}{2}$ kg → ________

320 g → ________

2 kg 500 g → ________

$\frac{3}{4}$ kg → ________

④ Ordne der Größe nach.

850 g | 1 kg 85 g | 202 g | 2 kg

________ < ________ < ________ < ________

⑤ Ordne der Größe nach.

5 kg | 1000 g | 10 kg | 5 g

________ > ________ > ________ > ________

⑥ Wie viel wiegen die Dinge zusammen?

$\frac{3}{4}$ kg Bananen und 1 kg 500 g Orangen:

________________________________

860 g Äpfel und $1\frac{1}{4}$ kg Birnen:

________________________________

750 g Erdbeeren und $\frac{3}{4}$ kg Kirschen:

________________________________

⑦ Wie viel Gramm bleiben übrig?

Von $1\frac{1}{2}$ kg Aprikosen werden $\frac{3}{4}$ kg gegessen.

________________________________

Von 1500 g Trauben werden 1 kg 25 g gegessen.

________________________________

Von $2\frac{1}{4}$ kg Pflaumen werden $1\frac{3}{4}$ kg gegessen.

________________________________

① 168 : 4 = ____
160 : 4 = ____
____

② 217 : 7 = ____
____
____

③ 186 : 3 = ____
____
____

④ 9 · 6 = ____
9 · 60 = ____
9 · 66 = ____

⑤ 7 · 4 = ____
7 · 40 = ____
7 · 44 = ____

⑥ 3 · 8 = ____
3 · 80 = ____
3 · 88 = ____

⑦ 793 + 7 = ____
793 + 17 = ____
793 + 70 = ____

⑧ 327 + 5 = ____
327 + 50 = ____
327 + 55 = ____

⑨ 902 – 8 = ____
902 – 18 = ____
902 – 80 = ____

⑩ 614 – 6 = ____
614 – 60 = ____
614 – 66 = ____

⑪ Runde auf volle Eurobeträge.

2,83 € ≈ ____  17,17 € ≈ ____
5,48 € ≈ ____  32,52 € ≈ ____
0,37 € ≈ ____  49,09 € ≈ ____

⑫ Runde auf volle Zehner-Eurobeträge.

84 € ≈ ____  107,02 € ≈ ____
12 € ≈ ____  240,50 € ≈ ____
55 € ≈ ____  91,99 € ≈ ____

⑬

| · | 6 |
|---|---|
| 12 | |
| | 300 |
| 14 | |
| | 180 |
| 17 | |
| | 480 |
| 19 | |

⑭

| + | 65 |
|---|---|
| 245 | |
| | 420 |
| 370 | |
| | 535 |
| 485 | |
| | 605 |
| 590 | |

Finde den Lösungssatz.

| Ä | B | C | D | E | G | H | I | L | N | O | R | S | T |
|---|---|---|---|---|---|---|---|---|---|---|---|---|---|
| 28 | 36 | 54 | 40 | 24 | 18 | 32 | 56 | 42 | 48 | 60 | 72 | 29 | 27 |

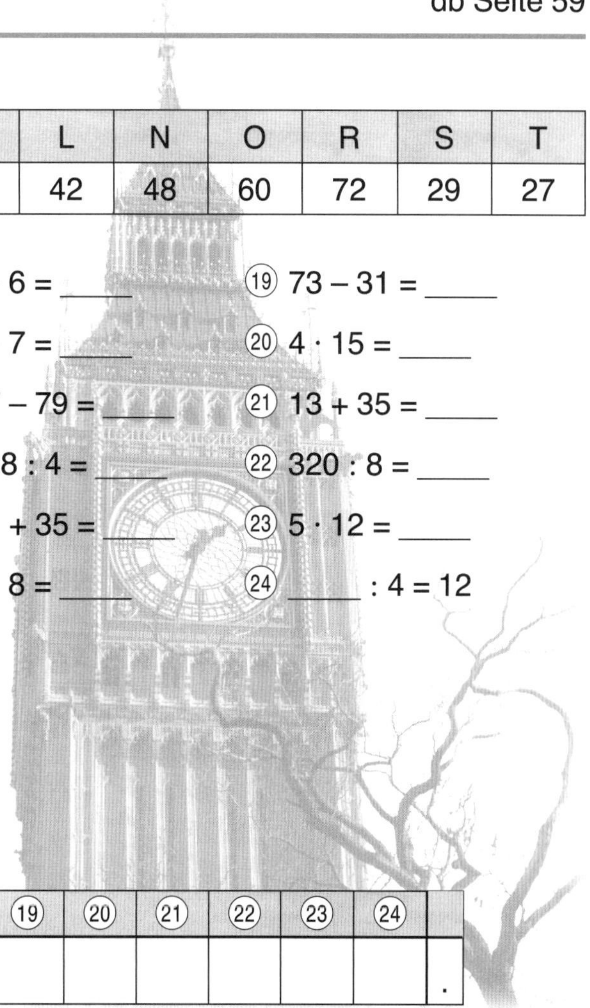

(1) $5 \cdot 8 =$ _____

(2) $72 : 3 =$ _____

(3) $35 + 37 =$ _____

(4) $6 \cdot 6 =$ _____

(5) $102 - 46 =$ _____

(6) $72 : 4 =$ _____

(7) _____ $: 4 = 9$

(8) $6 \cdot 4 =$ _____

(9) $17 + 31 =$ _____

(10) $83 - 54 =$ _____

(11) _____ $: 9 = 6$

(12) $128 : 4 =$ _____

(13) $7 \cdot 6 =$ _____

(14) $4 \cdot 7 =$ _____

(15) $97 - 79 =$ _____

(16) $108 : 4 =$ _____

(17) $21 + 35 =$ _____

(18) $6 \cdot 8 =$ _____

(19) $73 - 31 =$ _____

(20) $4 \cdot 15 =$ _____

(21) $13 + 35 =$ _____

(22) $320 : 8 =$ _____

(23) $5 \cdot 12 =$ _____

(24) _____ $: 4 = 12$

| (1) | (2) | (3) |
|---|---|---|
| | | |

| (4) | (5) | (6) |
|---|---|---|
| | | |

| (7) | (8) | (9) |
|---|---|---|
| | | |

| (10) | (11) | (12) | (13) | (14) | (15) | (16) |
|---|---|---|---|---|---|---|
| | | | | | | |

| (17) | (18) |
|---|---|
| | |

| (19) | (20) | (21) | (22) | (23) | (24) | |
|---|---|---|---|---|---|---|
| | | | | | | . |

4

9 : 3 = ____

90 : 3 = ____

90 : 30 = ____

900 : 3 = ____

900 : 30 = ____

900 : 300 = ____

5

8 : 2 = ____

80 : 20 = ____

80 : 2 = ____

800 : 20 = ____

800 : 2 = ____

800 : 200 = ____

6

10 : ____ = 2

100 : ____ = 2

100 : ____ = 20

1 000 : ____ = 200

1 000 : ____ = 20

1 000 : ____ = 2

7

12 : ____ = 3

120 : ____ = 30

120 : ____ = 3

1 200 : ____ = 30

1 200 : ____ = 3

1 200 : ____ = 300

8 Setze die Zahlen richtig ein. Verwende jede Zahl nur einmal: 236, 237, 238, 239, 474, 476.

____ – ____ = ____

____ + ____ = ____

9 Ich denke mir eine Zahl aus der 6er-Reihe. Wenn ich die Einer und Zehner vertausche, erhalte ich wieder eine Zahl aus der 6er-Reihe.

Die Zahl heißt: ____

10 Ich denke mir eine Zahl aus der 8er-Reihe. Wenn ich die Einerziffer und die Zehnerziffer addiere, erhalte ich 4.

Die Zahl heißt: ____

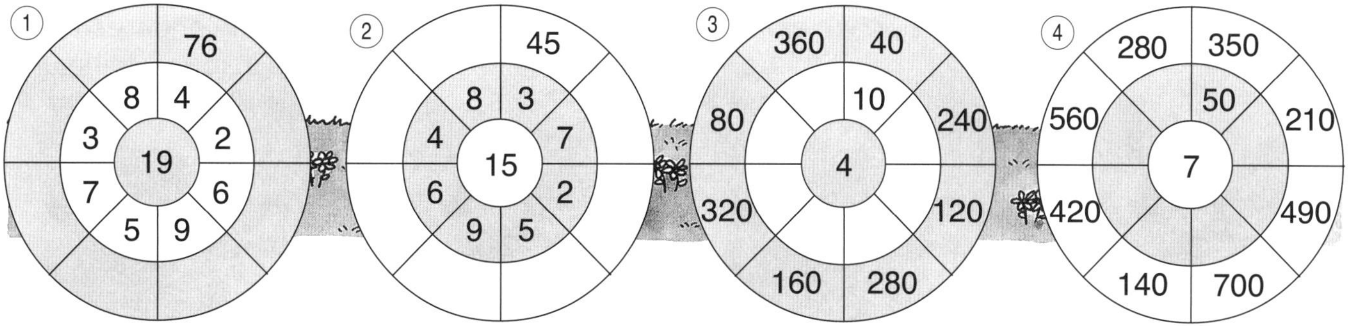


5 Welche Zahl passt nicht in die Folge? Streiche sie durch und schreibe die richtige in den Rahmen.

82, 192, 302, 412, 524, 632, 742

73, 173, 143, 243, 213, 331, 283, 383

845, 832, 836, 823, 827, 814, 819, 805

925, 850, 785, 700, 625, 550, 475

6 Welches Zeichen passt nicht in die Folge? Streiche es durch und setze die Folge fort.

7

| – | 8 | 80 | 88 |
|---|---|---|---|
| 128 | | | |
| 246 | | | |
| 364 | | | |
| 482 | | | |
| 508 | | | |
| 680 | | | |

ab Seite 62

① Setze die richtigen Rechenzeichen ein.

35 ◯ 7 = 5  5 ◯ 4 = 20
35 ◯ 7 = 42  5 ◯ 4 = 1
35 ◯ 7 = 28  5 ◯ 4 = 9

280 = 210 ◯ 70  11 = 4 ◯ 7
3 = 210 ◯ 70  28 = 4 ◯ 7
140 = 210 ◯ 70  17 = 24 ◯ 7

② Ergänze die fehlenden Zahlen. Die Summe in jeder Reihe und jeder Spalte ist immer 100.

| | | | |
|---|---|---|---|
| | 25 | | 25 |
| 5 | | 15 | |
| 45 | | 15 | 25 |
| 35 | 5 | | |

③
34 : 6 = ______ K: ______
28 : 9 = ______ K: ______
42 : 8 = ______ K: ______
26 : 4 = ______ K: ______
54 : 7 = ______ K: ______
19 : 5 = ______ K: ______
23 : 3 = ______ K: ______
15 : 2 = ______ K: ______
107 : 10 = ______ K: ______

④

```
  3□2      □3□      3□7
+ □5□    + 2□1    + 23□
-----    -----    -----
  579      365      □94

  38□      410       97
  2□4      1□2      13□
+ 456    + 34□    + 5□6
-----    -----    -----
 □□40      □95      □65
```

① Finde die Fehler und schreibe die Rechnungen richtig daneben.

| | | | | | | |
|---|---|---|---|---|---|---|
| | 2 | 1 | 4, | 2 | 5 | € |
| + | 1 | 3 | 5, | 3 | 4 | € |
| | 3 | 4 | 9, | 8 | 6 | € |

| | | | | | | |
|---|---|---|---|---|---|---|
| | | 4 | 4, | 0 | 9 | € |
| + | 3 | 7 | 8, | 5 | 6 | € |
| | 1 | 1 | 1 | | | |
| | 4 | 2 | 3, | 5 | 5 | € |

| | | | | | | |
|---|---|---|---|---|---|---|
| | 1 | 4 | 7, | 1 | 5 | € |
| | | 2 | 2, | 9 | 4 | € |
| + | 3 | 1 | 1, | 1 | 2 | € |
| | 4 | 7 | 0, | 1 | 1 | € |

| | | | | | | |
|---|---|---|---|---|---|---|
| | 2 | 3 | 4, | 8 | 9 | € |
| | 1 | 2, | 1 | 5 | | € |
| + | 5 | 0 | 9, | 9 | 9 | € |
| | | 1 | 2 | 1 | | |
| | 8 | 6 | 6, | 3 | 8 | € |

② Schreibe zu jedem Ergebnis drei verschiedene Malaufgaben auf.

12 = 3 · 4 18 = ________

12 = ________ 18 = ________

12 = ________ 18 = ________

24 = ________ 36 = ________

24 = ________ 36 = ________

24 = ________ 36 = ________

③

| · | 9 | 50 | 22 | 70 | 5 | 13 |
|---|---|---|---|---|---|---|
| 3 | | | | | | |
| 7 | | | | | | |
| 4 | | | | | | |
| 6 | | | | | | |
| 8 | | | | | | |

1 Ergänze.

| $\frac{3}{4}$ km | |
|---|---|
| 340 m | |
| | 695 m |
| 104 m | |
| | 750 m |
| 95 m | |
| | 374 m |
| 452 m | |
| | 500 m |

| $\frac{1}{4}$ km | |
|---|---|
| | 125 m |
| 85 m | |
| | 238 m |
| 175 m | |
| | 9 m |
| 206 m | |
| | 57 m |
| 12 m | |

2 Schreibe zu jedem Ergebnis drei verschiedene Malaufgaben auf.

$40 = 4 \cdot 10$ 48 = ________

40 = ________ 48 = ________

40 = ________ 48 = ________

60 = ________ 72 = ________

60 = ________ 72 = ________

60 = ________ 72 = ________

3

4

| : | 4 | 40 | 6 | 60 | 3 | 30 |
|---|---|---|---|---|---|---|
| 240 | | | | | | |
| 480 | | | | | | |
| 180 | | X | | | | |
| 360 | | | | | | |
| 120 | | | | | | |

① Merke:

1 km = ________ m

$\frac{3}{4}$ km = ________ m

$\frac{1}{4}$ km = ________ m

$\frac{1}{2}$ km = ________ m

② Verdopple die Längenangaben.

305 m → ____________

2 km 250 m → ____________

515 m → ____________

$\frac{3}{4}$ km → ____________

③ Halbiere die Längenangaben.

$\frac{1}{2}$ km → ____________

720 m → ____________

3 km 500 m → ____________

$\frac{3}{4}$ km → ____________

④ Ordne der Größe nach.

750 m | 7 km 50 m | 20 m | 2 km

________ < ________ < ________ < ________

⑤ Ordne der Größe nach.

110 m | 6 km 60 m | 10 km | 6 006 m

________ > ________ > ________ > ________

⑥ Wie lang sind die Längen zusammen?

$\frac{3}{4}$ km und 1 km 500 m:

____________________________________

940 m und $1\frac{1}{4}$ km:

____________________________________

750 m und $1\frac{3}{4}$ km:

____________________________________

⑦ Wie viel Meter muss man noch laufen?

Von $1\frac{1}{2}$ km wurden $\frac{3}{4}$ km gelaufen.

____________________________________

Von 2 500 m wurden 1 km 25 m gelaufen.

____________________________________

Von $2\frac{1}{4}$ km wurden $1\frac{3}{4}$ km gelaufen.

____________________________________

① Ordne die Längenangaben zu.

| 0,001 km | Klassenzimmer ______ |
|---|---|
| 0,1 km | Höhe der Tafel ______ |
| 0,01 km | Busfahrt ______ |
| 10,0 km | Fußballfeld ______ |

② Setze ein: <, >, =.

| | | | | | |
|---|---|---|---|---|---|
| 4 005 m | ◯ | 4,5 km | 450 m | ◯ | 0,450 km |
| 4 km 50 m | ◯ | 4 500 m | 40 km 5 m | ◯ | 4 050 m |
| 0,045 km | ◯ | 0 km 45 m | 40,050 km | ◯ | 4 505 m |

Wandle in geeignete Maßeinheiten um und rechne schriftlich.

③ 3 809 m + 5 km 60 m + 1,444 km

④ 0,7 km + 58 m + 6 008 m

⑤ 1,080 km + 4 km 29 m + 2 km

⑥

| | | | | |
|---|---|---|---|---|
| 7 | | 60 | | 6 |
| 60 | 8 | | 70 | |
| 420 | 640 | 540 | 560 | 480 |

⑦

| | | | | |
|---|---|---|---|---|
| 320 | | 180 | 450 | |
| 80 | 30 | | | 7 |
| 4 | 8 | 90 | 5 | 40 |

① 4 · 9 = ______
4 · 90 = ______
4 · 99 = ______

② 6 · 13 = ______
60 · 3 = ______
6 · 33 = ______

③ 8 · 14 = ______
8 · 40 = ______
8 · 104 = ______

④

| · | 9 | 2 | 6 |
|---|---|---|---|
| 3 | | | |
| 5 | | | |
| 8 | | | |
| 4 | | | |
| 7 | | | |

⑤ 56 : 7 = ______
560 : 7 = ______
560 : 70 = ______

⑥ 24 : 4 = ______
240 : 40 = ______
240 : 4 = ______

⑦ 27 : 3 = ______
270 : 3 = ______
270 : 30 = ______

⑧

| | | | |
|---|---|---|---|
| | 4 | 2 | □ |
| + | 3 | □ | 5 |
| | □ | 1 | 3 |

⑨

| | | | |
|---|---|---|---|
| | 7 | □ | 9 |
| + | | 9 | □ |
| | □ | 0 | 5 |

⑩

| | | | |
|---|---|---|---|
| | □ | 5 | 4 |
| + | 5 | □ | 7 |
| | 8 | 4 | □ |

⑪ 52 : 6 = ________ K: ____________________
28 : 8 = ________ K: ____________________
62 : 7 = ________ K: ____________________
49 : 9 = ________ K: ____________________

⑫ Ordne der Größe nach.

3,050 km | 3 km 5 m | 3 500 m | 35 km

________ < ________ < ________ < ________

820 m | 8,2 km | 8 km 20 m | 0, 802 km

________ > ________ > ________ > ________

ab Seite 67

①

| – | 6 | 70 | 280 | 9 | 40 | 160 |
|---|---|---|---|---|---|---|
| 564 | | | | | | |
| 807 | | | | | | |
| 315 | | | | | | |
| 623 | | | | | | |
| 452 | | | | | | |

②

③ 208 : 8 =

④ 372 : 6 =

⑤ 185 : 5 =

⑥ 476 : 7 =

⑦ 876 : 4 =

⑧ 639 : 3 =

⑨

| : | 7 |
|---|---|
| 700 | |
| 721 | |
| 763 | |
| 742 | |
| 756 | |
| 735 | |
| 714 | |

⑩

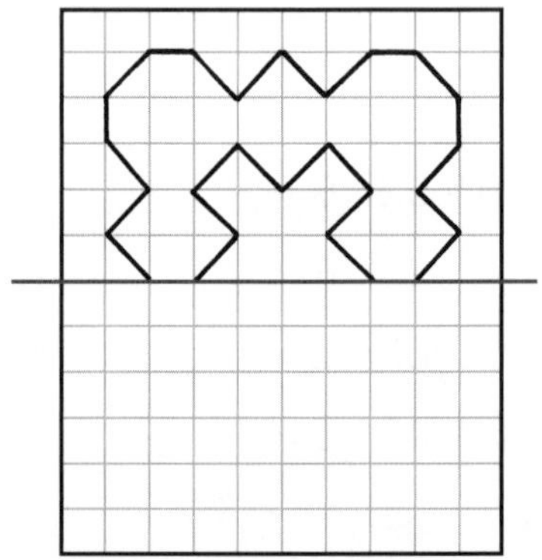

① 312 – ___ = 288
407 – ___ = 396
524 – ___ = 494
198 – ___ = 189
635 – ___ = 585
283 – ___ = 184
760 – ___ = 706
949 – ___ = 899
851 – ___ = 715

② 462 – 8 = ___
813 – 6 = ___
202 – 9 = ___
574 – 7 = ___
180 – 3 = ___
745 – 4 = ___
369 – 2 = ___
621 – 5 = ___
958 – 1 = ___

③ 84 : 9 = ___ K: ___
39 : 4 = ___ K: ___
48 : 7 = ___ K: ___
27 : 6 = ___ K: ___
54 : 8 = ___ K: ___
32 : 3 = ___ K: ___
64 : 7 = ___ K: ___
45 : 5 = ___ K: ___
5 : 6 = ___ K: ___

④ Schreibe auf zwei weitere Arten.

7,513 km = ___ = ___
4 km 391 m = ___ = ___
5 050 m = ___ = ___
3,8 km = ___ = ___
6 km 4 m = ___ = ___
209 m = ___ = ___
0,001 km = ___ = ___

⑤ Male die gleichen Figuren in der gleichen Farbe an.

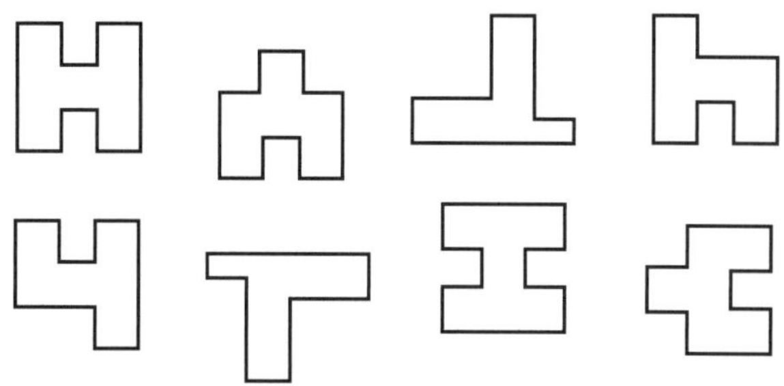

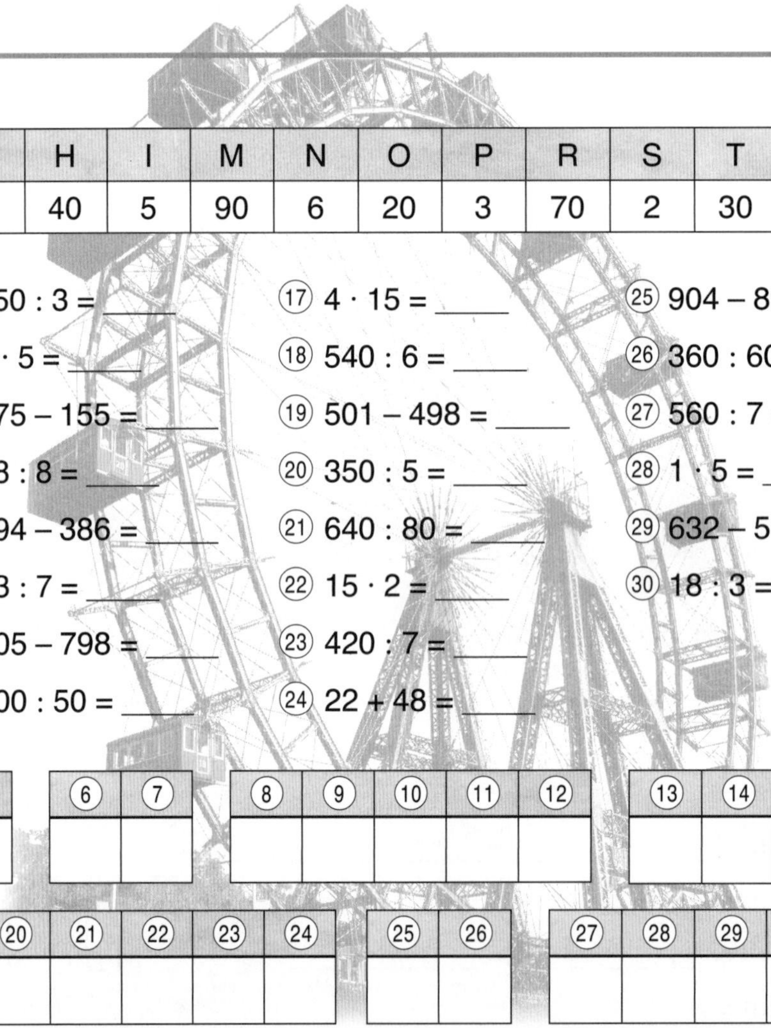

Finde den Lösungssatz.

| A | C | D | E | F | H | I | M | N | O | P | R | S | T | U | W |
|---|---|---|---|---|---|---|---|---|---|---|---|---|---|---|---|
| 8 | 50 | 4 | 60 | 7 | 40 | 5 | 90 | 6 | 20 | 3 | 70 | 2 | 30 | 9 | 80 |

(1) 18 + 62 = _____
(2) 240 : 30 = _____
(3) 144 – 74 = _____
(4) 100 : 50 = _____
(5) 5 · 6 = _____
(6) 280 : 70 = _____
(7) 48 – 39 = _____
(8) 301 – 299 = _____

(9) 150 : 3 = _____
(10) 8 · 5 = _____
(11) 175 – 155 = _____
(12) 48 : 8 = _____
(13) 394 – 386 = _____
(14) 63 : 7 = _____
(15) 805 – 798 = _____
(16) 200 : 50 = _____

(17) 4 · 15 = _____
(18) 540 : 6 = _____
(19) 501 – 498 = _____
(20) 350 : 5 = _____
(21) 640 : 80 = _____
(22) 15 · 2 = _____
(23) 420 : 7 = _____
(24) 22 + 48 = _____

(25) 904 – 899 = _____
(26) 360 : 60 = _____
(27) 560 : 7 = _____
(28) 1 · 5 = _____
(29) 632 – 572 = _____
(30) 18 : 3 = _____

| (1) | (2) | (3) | (4) | (5) |
|---|---|---|---|---|
| | | | | |

| (6) | (7) |
|---|---|
| | |

| (8) | (9) | (10) | (11) | (12) |
|---|---|---|---|---|
| | | | | |

| (13) | (14) | (15) |
|---|---|---|
| | | |

| (16) | (17) | (18) |
|---|---|---|
| | | |

| (19) | (20) | (21) | (22) | (23) | (24) |
|---|---|---|---|---|---|
| | | | | | |

| (25) | (26) |
|---|---|
| | |

| (27) | (28) | (29) | (30) | |
|---|---|---|---|---|
| | | | | ? |

① ② ③

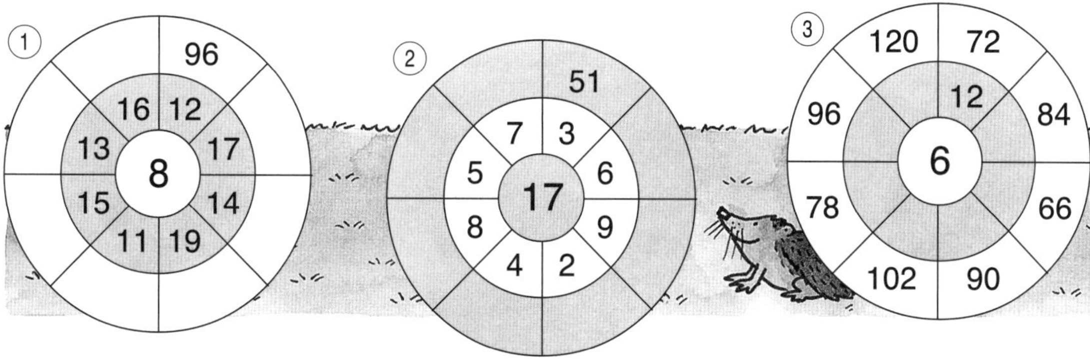


④

| : | 6 |
|---|---|
| 600 | |
| 624 | |
| 648 | |
| 618 | |
| 654 | |
| 606 | |
| 660 | |

⑤

| | | | | | | | | |
|---|---|---|---|---|---|---|---|---|
| | → : 2 | | → + 350 | 600 | → : 30 | | → + 160 | |
| ↓ + 380 | | ↓ + 30 | | ↓ – 530 | | ↓ | | ↓ |
| | → | | → : 4 | | → | 140 | → | 3 |
| ↓ : 80 | | ↓ | | ↓ + 290 | | ↓ | | ↓ · 80 |
| | → – 7 | | → | | → | 280 | → | |
| ↓ · 9 | | ↓ | | ↓ | | ↓ : 7 | | ↓ |
| | → | 72 | → | | → · 8 | | → | 120 |

①

7 →(· 8) ___ →(· 3) ___ →(: 2) ___ →(: 6) ___ →(: 7) ___ →(· 50) ___

8 →(· 6) ___ →(· 2) ___ →(: 3) ___ →(: 4) ___ →(· 5) ___ →(· 7) ___

5 →(· 8) ___ →(· 6) ___ →(: 4) ___ →(: 5) ___ →(· 8) ___ →(: 4) ___

4 →(· 70) ___ →(: 5) ___ →(: 8) ___ →(· 60) ___ →(: 30) ___ →(: 2) ___

②

| : | 8 |
|---|---|
| 800 | |
| 832 | |
| 864 | |
| 816 | |
| 840 | |
| 824 | |
| 856 | |

③

| + | 50 | | 35 | |
|---|---|---|---|---|
| 275 | | 340 | | 465 |
| | 110 | | | |
| 430 | | | | |
| | 795 | | | |
| 555 | | | | |
| | 810 | | | |

④ Schreibe zu jedem Ergebnis drei verschiedene Divisionsaufgaben.

8 = 56 : 7    8 = ________    8 = ________

6 = ________    6 = ________    6 = ________

4 = ________    4 = ________    4 = ________

7 = ________    7 = ________    7 = ________

3 = ________    3 = ________    3 = ________

9 = ________    9 = ________    9 = ________

5 = ________    5 = ________    5 = ________

1

| | | | | |
|---|---|---|---|---|
| 318 | 542 | 865 | 913 | 648 |
| ↓ ( ) | ↓ (+ 18) | ↓ ( ) | ↓ (– 15) | ↓ ( ) |
| 325 | | 856 | | 684 |
| ↓ ( ) | ↓ (– 16) | ↓ ( ) | ↓ (+ 18) | ↓ ( ) |
| 320 | | 879 | | 486 |
| ↓ ( ) | ↓ (+ 19) | ↓ ( ) | ↓ (– 27) | ↓ ( ) |
| 327 | | 863 | | 468 |

2

| : | 5 |
|---|---|
| 500 | |
| 525 | |
| 550 | |
| 515 | |
| 540 | |
| 510 | |
| 535 | |

3

Das Dreifache von 7 ist 21.

Das Doppelte von 9 ist _____.

Das Vierfache von 6 ist _____.

Das Siebenfache von 4 ist _____.

Das Neunfache von 0 ist _____.

4

Das Sechsfache von 5 ist _____.

Das Achtfache von 3 ist _____.

Das Fünffache von 8 ist _____.

Das Zehnfache von 1 ist _____.

Das Zweifache von 10 ist _____.

5

Ich denke mir eine Zahl. Wenn ich sie verdopple, ist sie halb so groß wie 100. Die Zahl heißt:

_____.

① 59 : 7 = ________ K: ____________________

16 : 6 = ________ K: ____________________

28 : 8 = ________ K: ____________________

53 : 6 = ________ K: ____________________

38 : 8 = ________ K: ____________________

19 : 2 = ________ K: ____________________

24 : 5 = ________ K: ____________________

78 : 10 = ________ K: ____________________

17 : 3 = ________ K: ____________________

6 : 9 = ________ K: ____________________

②

| : | 4 |
|---|---|
| 400 | |
| 436 | |
| 424 | |
| 408 | |
| 428 | |
| 416 | |
| 432 | |

③

| : | 9 |
|---|---|
| 900 | |
| 936 | |
| 963 | |
| 945 | |
| 954 | |
| 981 | |
| 918 | |

④ 428 + ______ = 500

754 + ______ = 800

163 + ______ = 200

333 + ______ = 400

807 + ______ = 900

260 + ______ = 640

580 + ______ = 850

⑤ 600 – ______ = 537

200 – ______ = 103

800 – ______ = 744

500 – ______ = 486

300 – ______ = 275

730 – ______ = 360

470 – ______ = 290

⑥

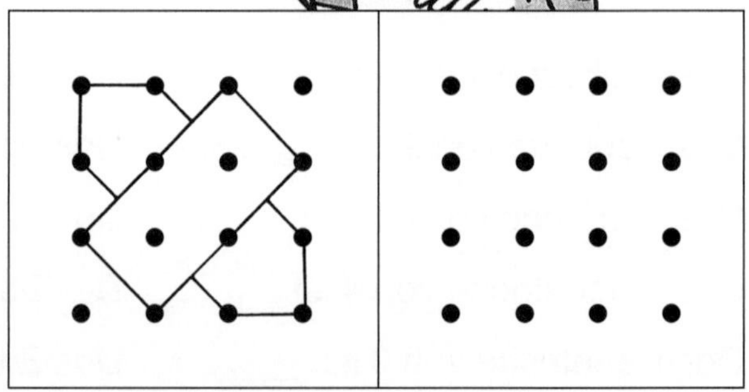

① 

| · | 2 | 4 | 9 | 7 | 5 | 10 | 1 | 6 |
|---|---|---|---|---|---|---|---|---|
| 3 | | | | | | | | |
| 6 | | | | | | | | |
| 4 | | | | | | | | |
| 8 | | | | | | | | |

②

```
  4 3 6        □ □ □
− □ □ □      −   8 8
———————      ———————
  1 7 9        2 7 6

  □ 6 7        8 0 □
− 1 □ 3      − 4 □ 9
———————      ———————
  1 7 □        □ 8 7

  5 □ 3        6 □ 5
−   9 □      − □ 8 □
———————      ———————
  □ 3 7        3 8 8

  9 0 □        7 □ 4
− 3 □ 7      − □ 1 6
———————      ———————
  □ 7 3        3 9 □
```

③ 

4 · 8 = ____ 7 · 5 = ____ 6 · 9 = ____

4 · 18 = ____ 17 · 5 = ____ 60 · 9 = ____

4 · 80 = ____ 70 · 5 = ____ 66 · 9 = ____

④ Setze passende Zeichen (+, –, ·, :, =) ein.

450 ◯ 90 ◯ 5 60 ◯ 360 ◯ 6

7 ◯ 40 ◯ 280 240 ◯ 3 ◯ 80

80 ◯ 70 ◯ 50 ◯ 3 160 ◯ 20 ◯ 4 ◯ 2

420 ◯ 6 ◯ 130 ◯ 60 3 ◯ 30 ◯ 540 ◯ 6

70 ◯ 7 ◯ 0 ◯ 490 750 ◯ 550 ◯ 600 ◯ 3

① 309 : 3 = ____

436 : 4 = ____

218 : 2 = ____

749 : 7 = ____

972 : 9 = ____

624 : 6 = ____

864 : 8 = ____

535 : 5 = ____

②

| | 8 | 4 | □ |
|---|---|---|---|
| – | □ | 3 | 1 |
| | 3 | □ | 5 |

| | 7 | □ | 4 |
|---|---|---|---|
| – | □ | 8 | □ |
| | 3 | 3 | 9 |

| | □ | 0 | □ |
|---|---|---|---|
| – | 5 | 1 | 3 |
| | | □ | 7 |

③ 3 · 7 = ____

3 · 17 = ____

3 · 70 = ____

3 · 77 = ____

6 · 8 = ____

16 · 8 = ____

60 · 8 = ____

66 · 8 = ____

4 · 5 = ____

4 · 50 = ____

4 · 55 = ____

4 · 105 = ____

④

497 + 13 = ____

302 + 7 = ____

698 + 6 = ____

513 – 17 = ____

806 – 8 = ____

175 – 7 = ____

⑤

____ + 379 = 410

____ + 503 = 509

____ + 799 = 805

____ – 493 = 8

____ – 605 = 7

____ – 891 = 10

⑥

272 : 8 = ____

385 : 5 = ____

⑦

| · | 30 | 90 |
|---|---|---|
| 8 | | |
| 6 | | |
| 4 | | |
| 7 | | |
| 5 | | |

① 

| | | |
|---|---|---|
| 38 | | 92 |
| 74 | | |
| | 88 | |

② 

| | | |
|---|---|---|
| | 280 | |
| 340 | | 550 |
| 510 | | |

③ 

| | | |
|---|---|---|
| 86 | | 54 |
| | 17 | |
| 43 | 15 | |

④ 

| | | |
|---|---|---|
| | 350 | 380 |
| 290 | 270 | |
| | | 360 |

⑤

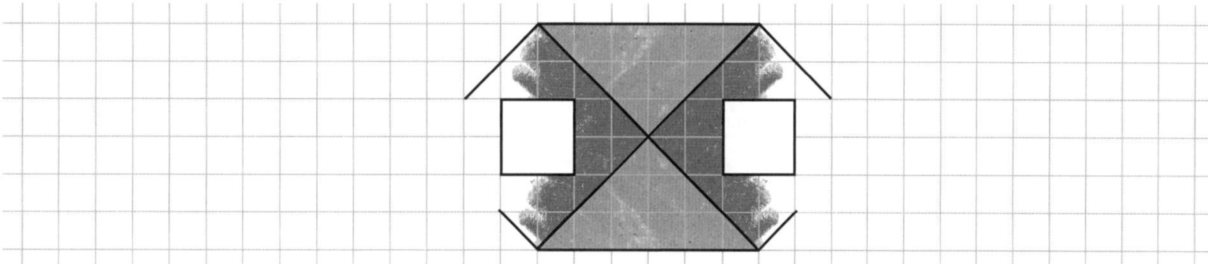

⑥ 89 : 9 = ________ K: ____________________

48 : 7 = ________ K: ____________________

57 : 8 = ________ K: ____________________

52 : 5 = ________ K: ____________________

11 : 2 = ________ K: ____________________

34 : 4 = ________ K: ____________________

⑦ 26 : 6 = ________ K: ____________________

39 : 4 = ________ K: ____________________

13 : 3 = ________ K: ____________________

17 : 10 = ________ K: ____________________

54 : 7 = ________ K: ____________________

8 : 9 = ________ K: ____________________

ab Seite 79

① Ich denke mir eine Zahl, dividiere sie durch 7, multipliziere mit 4, dividiere durch 80, multipliziere mit 60, dividiere zum Schluss noch durch 90 und erhalte 2.

② Ich denke mir eine Zahl, multipliziere sie mit 80, addiere 150, dividiere durch 90, multipliziere mit 60 und subtrahiere zum Schluss 280. Ich erhalte dann 140.

③
$3 \cdot 9 =$ ____
$3 \cdot 90 =$ ____
$3 \cdot 19 =$ ____
$3 \cdot 99 =$ ____
$3 \cdot 109 =$ ____

④
$7 \cdot 4 =$ ____
$7 \cdot 14 =$ ____
$7 \cdot 40 =$ ____
$7 \cdot 44 =$ ____
$7 \cdot 114 =$ ____

⑤
$6 \cdot 5 =$ ____
$60 \cdot 5 =$ ____
$66 \cdot 5 =$ ____
$106 \cdot 5 =$ ____
$166 \cdot 5 =$ ____

⑥
$8 \cdot 3 =$ ____
$18 \cdot 3 =$ ____
$80 \cdot 3 =$ ____
$88 \cdot 3 =$ ____
$118 \cdot 3 =$ ____

① Merke:

$1\ m =$ ________ cm

$\frac{3}{4}\ m =$ ________ cm

$\frac{1}{4}\ m =$ ________ cm

$\frac{1}{2}\ m =$ ________ cm

② Verdopple die Längenangaben.

205 cm → ____________

3 m 25 cm → ____________

515 cm → ____________

$\frac{3}{4}$ m → ____________

③ Halbiere die Längenangaben.

$\frac{1}{2}$ m → ____________

126 mm → ____________

3 m 50 cm → ____________

$\frac{3}{4}$ m → ____________

④ Ordne der Größe nach.

3,02 m | 2 m 3 cm | 30 cm | 230 cm

_________ < _________ < _________ < _________

⑤ Ordne der Größe nach.

10 mm | 10 cm | 110 mm | 1 cm 1 mm

_________ > _________ > _________ > _________

⑥ Wie lang sind die Längen zusammen?

$\frac{3}{4}$ m und 1 m 50 cm:

________________________________________

840 cm und $1\frac{1}{4}$ m:

________________________________________

750 cm und $1\frac{3}{4}$ m:

________________________________________

⑦ Ergänze zu 1 m.

87 cm + ________

12 cm + ________

2 cm + ________

70 cm 10 mm + ________

990 mm + ________

10 mm + ________

⑧ Ergänze zu einem $\frac{1}{2}$ m.

23 cm + ________

49 cm 4 mm + ________

8 cm + ________

50 mm + ________

300 mm + ________

1 cm 1 mm + ________

① Ordne die Längenangaben zu.

| | | |
|---|---|---|
| 7 mm | Dicke eines 1-Eurostücks: | ________ |
| 130 cm | Höhe der Tafel: | ________ |
| 1 000 mm | Dicke eines Bleistifts: | ________ |
| 1 mm | Größe eines Kindes: | ________ |

② Setze ein: <, >, =.

| | | |
|---|---|---|
| 905 mm | ◯ | 9,5 m |
| 9 cm 50 mm | ◯ | 950 cm |
| 0,95 m | ◯ | 950 mm |
| 95 cm | ◯ | 95 mm |

Wandle in geeignete Maßeinheiten um und rechne schriftlich.

③ 649 m + 1 m 30 cm + 3,88 m

④ 0,8 m + 57 cm + 2 m 2 cm

⑤ 4,06 m + 3 m 29 cm + 50 mm

⑥ 836 cm – 3 m 75 cm

⑦ 6,04 m – 187 cm

⑧ 9 m 30 cm – 4,08 m

Finde die Regel und setze fort.

(1)

$5 \cdot 3 + 1 =$ ____

$6 \cdot 3 + 2 =$ ____

$7 \cdot 3 + 3 =$ ____

(2)

$8 \cdot 7 - 9 =$ ____

$7 \cdot 7 - 8 =$ ____

$6 \cdot 7 - 7 =$ ____

(3)

$2 \cdot 6 + 3 =$ ____

$4 \cdot 6 + 6 =$ ____

$6 \cdot 6 + 9 =$ ____

(4)

$3 \cdot 5 - 10 =$ ____

$6 \cdot 5 - 20 =$ ____

$9 \cdot 5 - 30 =$ ____

(5)

$5 \cdot 2 + 10 =$ ____

$10 \cdot 2 + 15 =$ ____

$15 \cdot 2 + 20 =$ ____

(6)

$75 : 5 =$

(7)

$48 : 3 =$

(8)

$90 : 6 =$

(9)

$98 : 7 =$

(10)

$162 : 9 =$

(11) Ich denke mir einen Körper. Er hat sechs gleich große Flächen.

Es ist ____________.

(12) Ich denke mir einen Körper. Er hat eine runde Grundfläche und eine Spitze.

Es ist ____________.

(13) Ich denke mir einen Körper. Eine Fläche ist ein Quadrat, die anderen Flächen sind Dreiecke.

Es ist ____________.

① 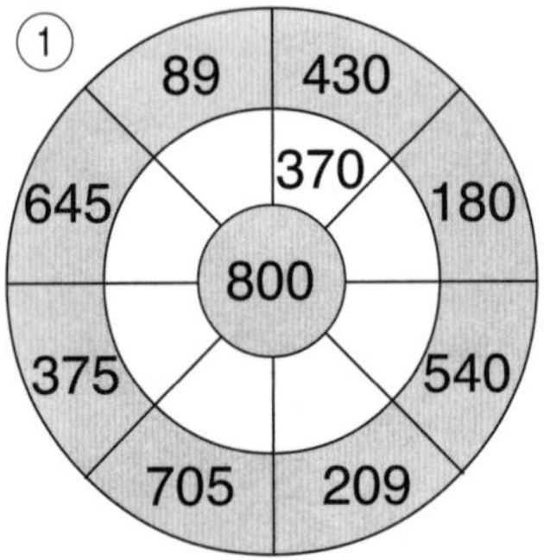


② 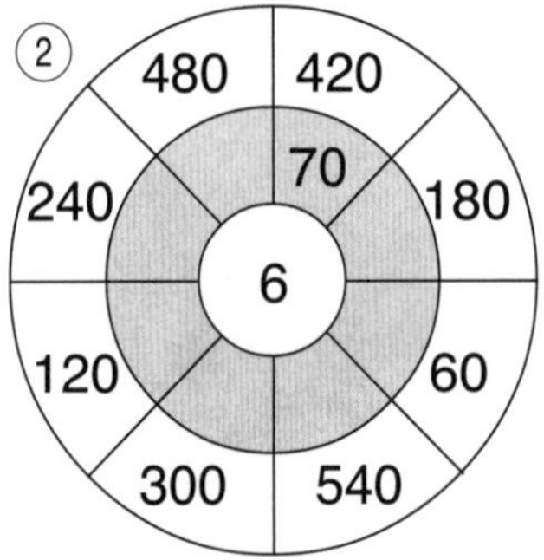


③ 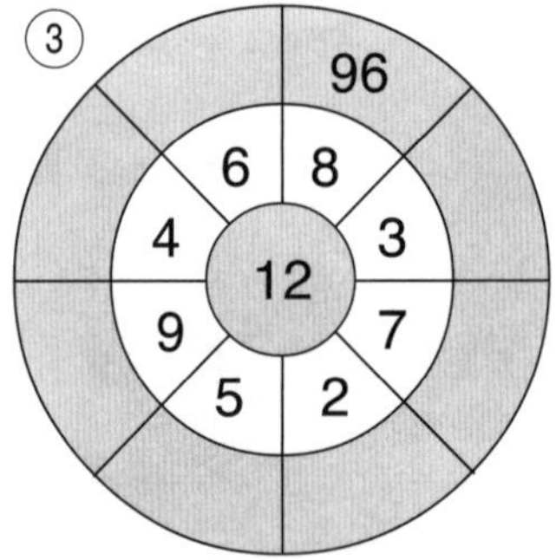


④ 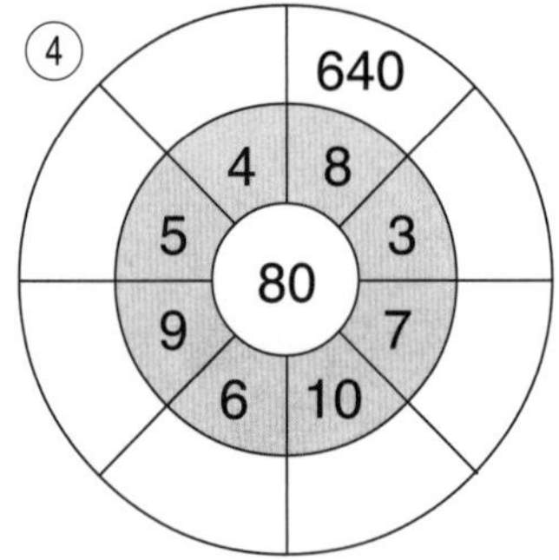


⑤

_____ · 4 = 92

_____ · 5 = 95

_____ · 2 = 54

_____ · 7 = 91

_____ · 10 = 160

⑥

_____ · 6 = 78

_____ · 3 = 42

_____ · 8 = 104

_____ · 9 = 171

_____ · 1 = 230

⑦

450 : ____ = 5

320 : ____ = 8

560 : ____ = 7

280 : ____ = 4

630 : ____ = 9

⑧

240 : ____ = 80

140 : ____ = 20

480 : ____ = 60

350 : ____ = 70

540 : ____ = 90

⑨

_____ : 17 = 4

_____ : 14 = 8

_____ : 15 = 6

_____ : 18 = 3

_____ : 13 = 5

⑩ Sind das Körpernetze, ja oder nein? Kreuze an.

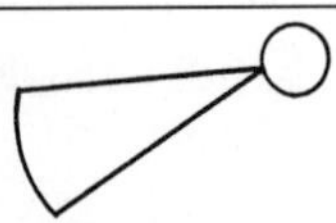
ja ○ nein ○

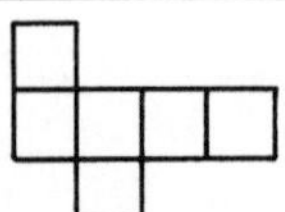
ja ○ nein ○

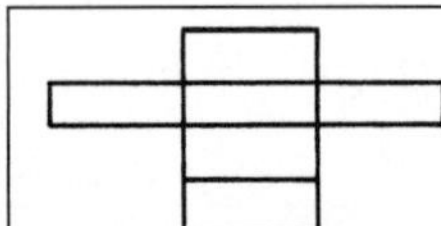
ja ○ nein ○

ja ○ nein ○

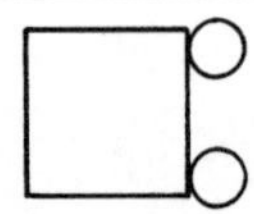
ja ○ nein ○

Finde den Lösungssatz.

| A | B | C | D | E | H | I | L | M | N | O | R | S | T | U | Ü | W |
|---|---|---|---|---|---|---|---|---|---|---|---|---|---|---|---|---|
| 12 | 24 | 36 | 48 | 60 | 72 | 84 | 96 | 108 | 120 | 132 | 144 | 156 | 168 | 180 | 192 | 204 |

(1) $6 \cdot 8 =$ _____

(2) $60 : 5 =$ _____

(3) $98 + 58 =$ _____

(4) $108 : 9 =$ _____

(5) $236 - 68 =$ _____

(6) $22 \cdot 6 =$ _____

(7) $39 + 69 =$ _____

(8) _____ $: 6 = 14$

(9) $30 \cdot 6 =$ _____

(10) $465 - 357 =$ _____

(11) $120 : 5 =$ _____

(12) $540 : 9 =$ _____

(13) $4 \cdot 51 =$ _____

(14) $45 \cdot 4 =$ _____

(15) $3 \cdot 40 =$ _____

(16) $112 - 64 =$ _____

(17) $4 \cdot 15 =$ _____

(18) $57 + 87 =$ _____

(19) $12 \cdot 5 =$ _____

(20) $350 - 266 =$ _____

(21) $180 : 5 =$ _____

(22) $18 \cdot 4 =$ _____

(23) $35 + 49 =$ _____

(24) $15 \cdot 8 =$ _____

(25) $168 : 7 =$ _____

(26) $360 - 216 =$ _____

(27) $97 + 95 =$ _____

(28) $52 \cdot 3 =$ _____

(29) $945 - 789 =$ _____

(30) _____ $: 3 = 20$

(31) $4 \cdot 24 =$ _____

| (1) | (2) | (3) |
|---|---|---|
| | | |

| (4) | (5) | (6) | (7) | (8) | (9) | (10) |
|---|---|---|---|---|---|---|
| | | | | | | |

| (11) | (12) | (13) | (14) | (15) | (16) | (17) | (18) | (19) |
|---|---|---|---|---|---|---|---|---|
| | | | | | | | | |

| (20) | (21) | (22) |
|---|---|---|
| | | |

| (23) | (24) |
|---|---|
| | |

| (25) | (26) | (27) | (28) | (29) | (30) | (31) | |
|---|---|---|---|---|---|---|---|
| | | | | | | | . |

| ① | ② | ③ | ④ | ⑤ |
|---|---|---|---|---|
| 9 · 9 = ___ | ___ · 7 = 14 | 6 · 6 = ___ | ___ · 8 = 8 | 3 · 5 = ___ |
| ___ · 9 = 27 | 6 · 7 = ___ | ___ · 6 = 18 | 4 · 8 = | ___ · 5 = 45 |
| 10 · 9 = | ___ · 7 = 28 | 5 · 6 = ___ | ___ · 8 = 48 | 6 · 5 = ___ |
| ___ · 9 = 63 | 9 · 7 = | ___ · 6 = 60 | 5 · 8 = | ___ · 5 = 35 |
| 8 · 9 = ___ | ___ · 7 = 49 | 8 · 6 = ___ | ___ · 8 = 32 | 8 · 5 = ___ |

⑥ Zeichne die Zeiger ein und ergänze die Uhrzeiten.

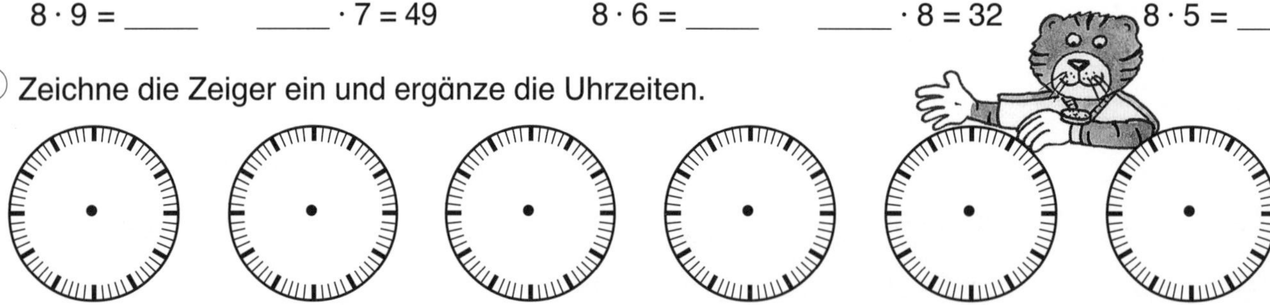

| | | | | | |
|---|---|---|---|---|---|
| 8.36 Uhr | ___ Uhr | 1.42 Uhr | ___ Uhr | 5.07 Uhr | ___ Uhr |
| ___ Uhr | 22.22 Uhr | ___ Uhr | 18.51 Uhr | ___ Uhr | 12.18 Uhr |

⑦ Bestimme das Datum.

Heute ist Freitag, der 13. Juni.

Vor vier Tagen war ___, der ___.

Übermorgen ist ___, der ___.

Vor 14 Tagen war ___, der ___.

⑧
200 + 50 + ___ = 400

600 – 120 – ___ = 70

340 + 90 + ___ = 520

880 – 360 – ___ = 290

150 + 470 – ___ = 330

① 

| | | |
|---|---|---|
| 26 | | 86 |
| 64 | | |
| | 96 | |

② 

| | | |
|---|---|---|
| | 220 | |
| 330 | | 550 |
| 510 | | |

③ 

| | | |
|---|---|---|
| 66 | | 33 |
| | 13 | |
| 43 | | |

④ 

| | | |
|---|---|---|
| | 350 | 340 |
| 490 | | |
| | 200 | |

⑤ Ordne nach der Größe.

4,48 m   4 m 8 cm   48 cm   484 cm

_______ < _______ < _______ < _______

⑥ 

| · | 3 | 6 | 5 | 8 | 4 | 0 | 9 | 7 |
|---|---|---|---|---|---|---|---|---|
| 2 | | | | | | | | |
| 6 | | | | | | | | |
| 8 | | | | | | | | |

⑦ Finde die Regel und setze fort.

$9 \cdot 4 + 1 =$ _____  $2 \cdot 7 - 5 =$ _____

$8 \cdot 4 + 3 =$ _____  $4 \cdot 7 - 10 =$ _____

$7 \cdot 4 + 5 =$ _____  $6 \cdot 7 - 15 =$ _____

_____________  _____________

_____________  _____________

_____________  _____________

⑧ $320 : 4 =$ _____

$320 : 40 =$ _____

$32 : 4 =$ _____

⑨ $48 : 8 =$ _____

$480 : 8 =$ _____

$480 : 80 =$ _____

⑩ $500 + 70 +$ _____ $= 730$

$800 - 60 -$ _____ $= 470$

$380 + 50 +$ _____ $= 910$

$620 - 80 -$ _____ $= 370$

①

| + | 7 | 80 | 320 |
|---|---|---|---|
| 400 | | | |
| 231 | | | |
| 605 | | | |
| 97 | | | |
| 358 | | | |
| 9 | | | |
| 590 | | | |
| 0 | | | |
| 162 | | | |

②

| | | | | | | | | |
|---|---|---|---|---|---|---|---|---|
| | + 26 → | | − 13 → | | + 60 → | | − 35 → | |
| ↓ · 8 | | ↓ : 3 | | ↓ · 6 | | ↓ : 40 | | ↓ · 4 |
| | − 45 → | 11 | + 109 → | | − 118 → | | + 178 → | |
| ↓ : 7 | | ↓ · 6 | | ↓ : 3 | | ↓ · 9 | | ↓ : 20 |
| | + 58 → | | − 26 → | 40 | − 22 → | | − 9 → | |
| ↓ · 5 | | ↓ : 3 | | ↓ · 7 | | ↓ : 6 | | ↓ · 8 |
| | − 18 → | | + 258 → | | − 277 → | 3 | + 69 → | |

③

175 : 7 = ______

④

232 : 8 = ______

⑤

444 : 6 = ______

⑥

9 · 13 = ______

9 · 30 = ______

9 · 33 = ______

⑦

5 · 19 = ______

5 · 90 = ______

5 · 99 = ______

①

| – | 7 | 80 | 320 |
|---|---|---|---|
| 900 | | | |
| 861 | | | |
| 705 | | | |
| 593 | | | |
| 482 | | | |
| 333 | | | |
| 690 | | | |
| 1 000 | | | |
| 554 | | | |

② 63 : 8 = _______ K: ____________________

37 : 7 = _______ K: ____________________

19 : 9 = _______ K: ____________________

41 : 6 = _______ K: ____________________

24 : 5 = _______ K: ____________________

54 : 7 = _______ K: ____________________

③ 32 : ___ = 5 R 2 K: ____________________

58 : ___ = 9 R 4 K: ____________________

27 : ___ = 3 R 6 K: ____________________

49 : ___ = 6 R 1 K: ____________________

69 : ___ = 8 R 5 K: ____________________

26 : ___ = 2 R 8 K: ____________________

④

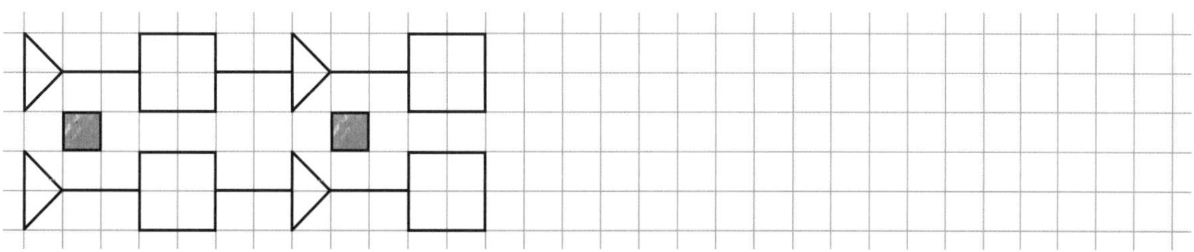

① Merke:

1 min = ________ s

$\frac{3}{4}$ min = ________ s

$\frac{1}{4}$ min = ________ s

$\frac{1}{2}$ min = ________ s

② Verdopple die Zeitangaben.

7 min → ________ s

2 min 30 s → ________ min

240 s → ________ min

$\frac{3}{4}$ min → ________ s

③ Halbiere die Zeitangaben.

$\frac{1}{2}$ min → ________ s

120 s → ________ min

3 min 20 s → ________ s

$1\frac{1}{2}$ min → ________ s

④ Ordne der Größe nach.

380 s | 3 min 8 s | 38 min | 8 min 30 s

________ $<$ ________ $<$ ________ $<$ ________

⑤ Ordne der Größe nach.

10 min | 100 s | 1 h 1 min | 1 000 s

________ $>$ ________ $>$ ________ $>$ ________

⑥ Wie viel Zeit ist es zusammen?

$\frac{3}{4}$ min und 2 min 50 s:

________________________________

360 s und $1\frac{1}{4}$ min:

________________________________

75 s und $1\frac{3}{4}$ min:

________________________________

⑦ Ergänze.

| 1 min | |
|---|---|
| 47 s | |
| 12 s | |
| 8 s | |
| $\frac{1}{2}$ min 15 s | |
| 59 s | |
| $\frac{3}{4}$ min | |

⑧ Ergänze.

| $\frac{1}{2}$ min | |
|---|---|
| 23 s | |
| $\frac{1}{4}$ min | |
| 8 s | |
| 17 s | |
| 30 s | |
| $\frac{1}{4}$ min 5 s | |

① Wie viele Sekunden sind vergangen? Wie viele Sekunden vergehen noch bis zu einer vollen Minute?

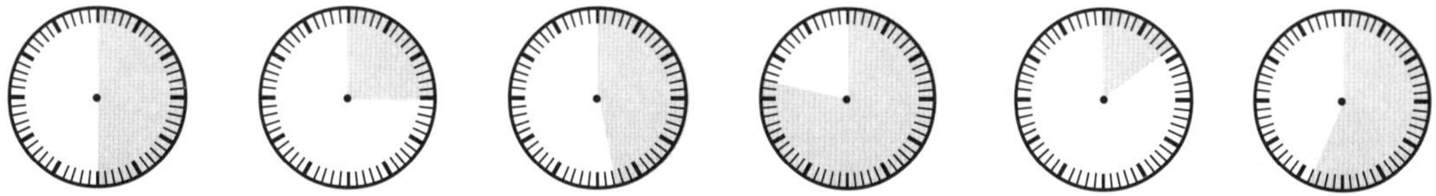

| | | | | | | |
|---|---|---|---|---|---|---|
| Vergangen: | 30 s | ______ s | ______ s | ______ s | ______ s | ______ s |
| Es vergehen noch: | 30 s | ______ s | ______ s | ______ s | ______ s | ______ s |

② Wie viele Sekunden sind es?

9 min = ______ s  1 min 5 s = ______ s

4 min = ______ s  8 min 20 s = ______ s

6 min = ______ s  2 min 45 s = ______ s

10 min = ______ s  4 min 31 s = ______ s

7 min = ______ s  5 min 50 s = ______ s

③ Wie viele Minuten und Sekunden sind es?

130 s = ______

260 s = ______

333 s = ______

499 s = ______

701 s = ______

④ Wie viele Stunden und Minuten sind es?

160 min = ______

280 min = ______

350 min = ______

1 Tag 500 min = ______

2 $\frac{1}{2}$ Tage = ______

⑤ Immer eine $\frac{1}{4}$ h später.

3.40 Uhr ⟶ ______ Uhr

17.13 Uhr ⟶ ______ Uhr

22.58 Uhr ⟶ ______ Uhr

⑥ Immer eine $\frac{3}{4}$ h früher.

14.15 Uhr ⟶ ______ Uhr

9.52 Uhr ⟶ ______ Uhr

0.25 Uhr ⟶ ______ Uhr

⑦ Immer 1 $\frac{1}{2}$ h später.

8.45 Uhr ⟶ ______ Uhr

20.37 Uhr ⟶ ______ Uhr

23.12 Uhr ⟶ ______ Uhr

ab Seite 92

① 187 : 5 =

② 333 : 4 =

③ 454 : 7 =

④ 224 : 3 =

⑤ 547 : 5 =

⑥ 4 · 38 =

⑦ 6 · 45 =

⑧ 3 · 71 =

⑨ 56 · 8 =

⑩ 67 · 7 =

⑪

584 + ______ = 630

16, 30, 46

749 + ______ = 880

370 – ______ = 252

989 – ______ = 840

⑫

518 – ______ = 420

659 – ______ = 580

583 + ______ = 675

436 + ______ = 573

⑬

237 + ______ = 360

108 + ______ = 250

704 – ______ = 636

826 – ______ = 710

①

| · | 8 | 18 | 80 | 88 | 108 | 118 |
|---|---|---|---|---|---|---|
| 9 | | | | | | |
| 6 | | | | | | |
| 3 | | | | | | |
| 0 | | | | | | |
| 2 | | | | | | |
| 4 | | | | | | |
| 8 | | | | | | |
| 10 | | | | | | |
| 1 | | | | | | |
| 7 | | | | | | |
| 5 | | | | | | |

②

③

④

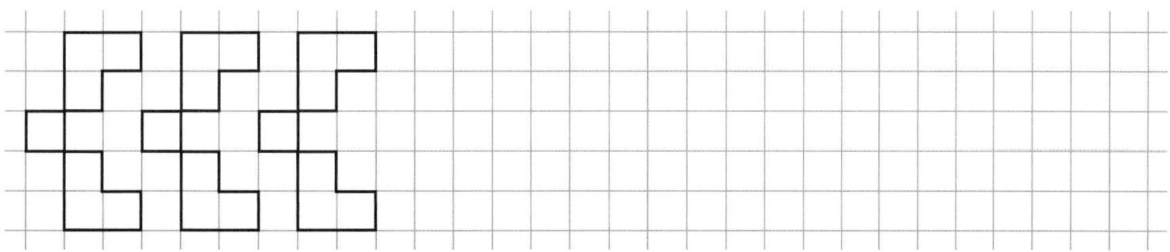

ab Seite 94

Trage die fehlenden Zahlen und Pfeile ein.

① 

| … sind doppelt so viel Liter wie … | |
|---|---|
| 8 l ↓ ____ | ____ ↑ 32 l |

② 

| … sind halb so viel Liter wie … | |
|---|---|
| ____ ↓ 12 l | 24 l ↓ ____ |

③

| : | 2 | 5 | 3 | 8 | 4 | 7 | 9 |
|---|---|---|---|---|---|---|---|
| 14 | | | | | | | |
| 46 | | | | | | | |
| 38 | | | | | | | |
| 54 | | | | | | | |
| 28 | | | | | | | |

④ In der Versteckfigur sehe

ich ______ Dreiecke,

______ Quadrate

und ______ Rechtecke.

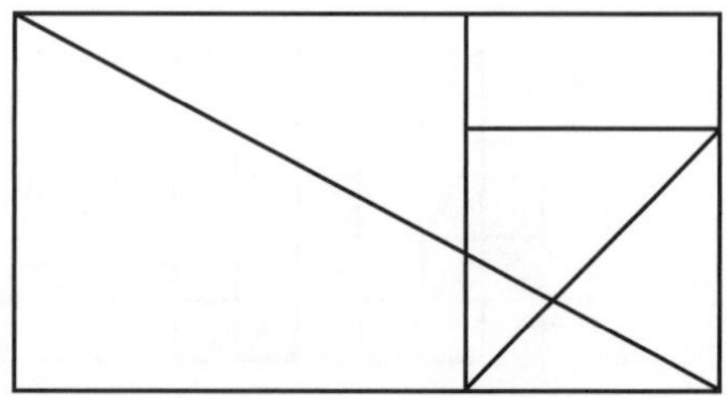

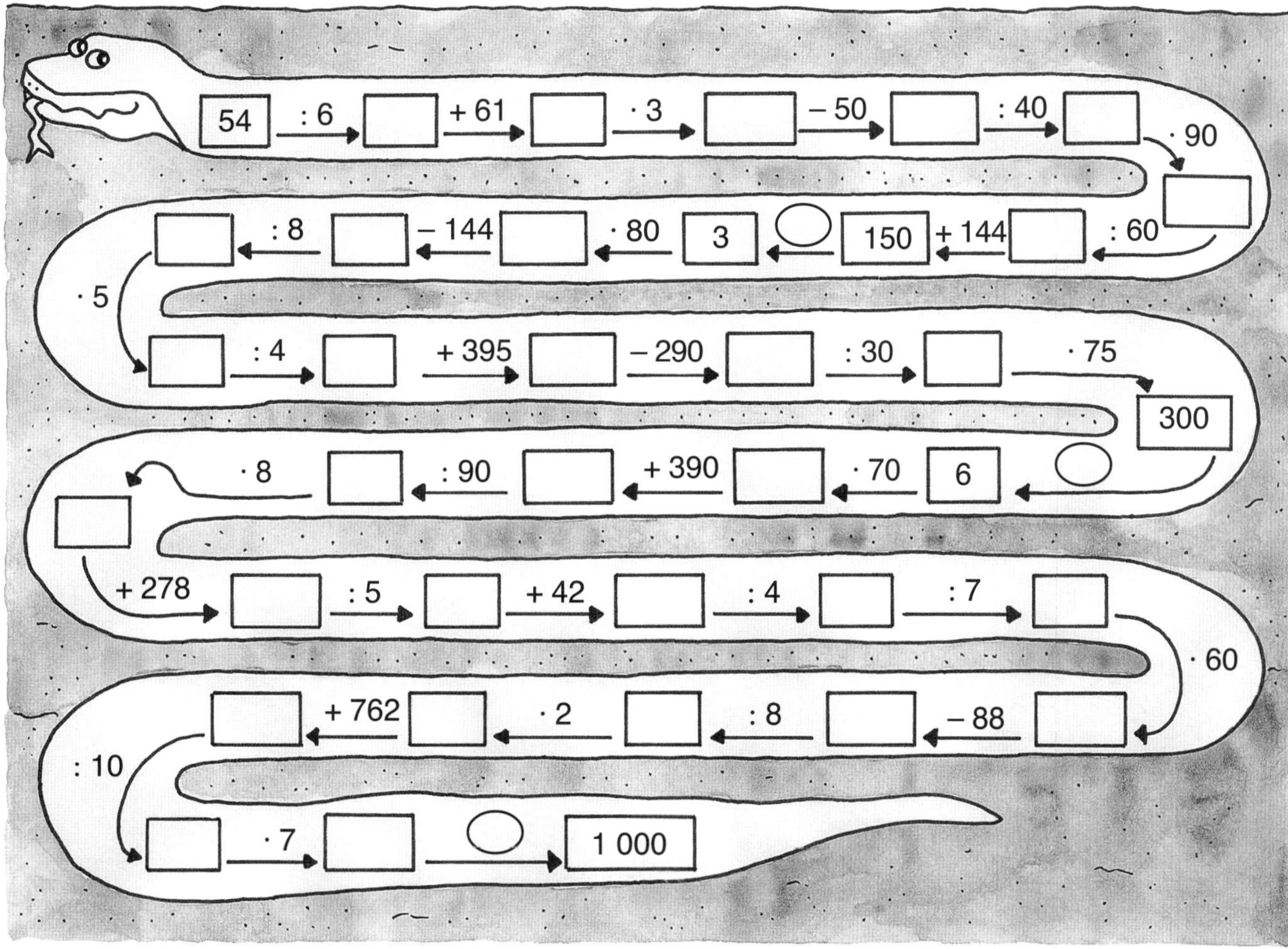
54
: 6
+ 61
· 3
– 50
: 40
· 90
: 60
+ 144
150
3
· 80
– 144
: 8
· 5
: 4
+ 395
– 290
: 30
· 75
300
6
· 70
+ 390
: 90
· 8
+ 278
: 5
+ 42
: 4
: 7
· 60
– 88
: 8
· 2
+ 762
: 10
· 7
1 000

① 

| · | 2 | 4 | 5 | 7 | 9 |
|---|---|---|---|---|---|
| 3 | | | | | |
| 14 | | | | | |
| 60 | | | | | |
| 88 | | | | | |

② 

| : | 3 | 6 | 8 | 5 | 10 |
|---|---|---|---|---|---|
| 24 | | | | | |
| 35 | | | | | |
| 48 | | | | | |
| 56 | | | | | |

③ Setze ein: <, >, =.

3 min 40 s ◯ 210 s
96 h ◯ 3 Tage 12 h
4 kg 705 g ◯ 4 750 g
8,9 kg ◯ 1 t
641 ct ◯ 6 € 41 ct
30 mm ◯ 30 cm
0,95 m ◯ 90 cm 50 mm
7,6 km ◯ 7 069 m
4 · 14 ◯ 480 : 8
935 – 665 ◯ 148 + 282

④ 

317 + 83 + ______ = 720
625 – 75 – ______ = 350
585 + 60 + ______ = 800
405 – 55 – ______ = 200
140 + 345 + ______ = 600
865 – 360 – ______ = 450
260 + ______ + 30 = 410
735 – ______ – 40 = 595
370 + ______ + 95 = 500
940 – ______ – 45 = 400

⑤ 

| | | | |
|---|---|---|---|
| | 3 | 7 | 9 |
| + | □ | □ | □ |
| | 8 | 1 | 3 |

| | | | |
|---|---|---|---|
| | 2 | 6 | □ |
| + | 3 | □ | 2 |
| | □ | 4 | 0 |

| | | | |
|---|---|---|---|
| | 7 | 1 | 3 |
| – | □ | □ | □ |
| | 3 | 0 | 4 |

| | | | |
|---|---|---|---|
| | 9 | □ | 7 |
| – | □ | 8 | □ |
| | 3 | 2 | 8 |

(1)

| + | 8 | 18 | 218 |
|---|---|---|---|
| 192 | | | |
| 234 | | | |
| 378 | | | |
| 460 | | | |
| 549 | | | |
| 607 | | | |
| 751 | | | |
| 808 | | | |

(2)
46 : 6 = ______ K: ____________________
84 : 9 = ______ K: ____________________
29 : 5 = ______ K: ____________________
38 : 8 = ______ K: ____________________
53 : 7 = ______ K: ____________________
65 : 9 = ______ K: ____________________
17 : 3 = ______ K: ____________________

(3) 86 : 6 =

(4) 93 : 5 =

(5) 108 : 8 =

(6) 212 : 3 =

(7) 306 : 4 =

(8) 170 : 7 =

Aufgepasst! Finde die Regel.

(9)

| | | |
|---|---|---|
| 3 | | 6 |
| | | |
| 12 | | 96 |

(10)

| | | |
|---|---|---|
| | 170 | |
| 230 | | |
| 140 | | 50 |

(11)

| | | |
|---|---|---|
| 60 | | 5 |
| 15 | 3 | |
| | | |

(12)

| | | |
|---|---|---|
| | 95 | 160 |
| 140 | | |
| | 180 | |

1

| – | 9 | 19 | 219 |
|---|---|---|---|
| 920 | | | |
| 802 | | | |
| 758 | | | |
| 691 | | | |
| 543 | | | |
| 435 | | | |
| 374 | | | |
| 226 | | | |

2 Wie hoch ist der Restbetrag?

7,19 €
0,45 €
1,35 €
\+ 5,21 €

Bezahlt mit 15 €

Zurück: ________

14,10 €
3,75 €
28,98 €
\+ 2,89 €

Bezahlt mit 50 €

Zurück: ________

0,89 €
3,99 €
37,09 €
\+ 52,67 €

Bezahlt mit 100 €

Zurück: ________

3

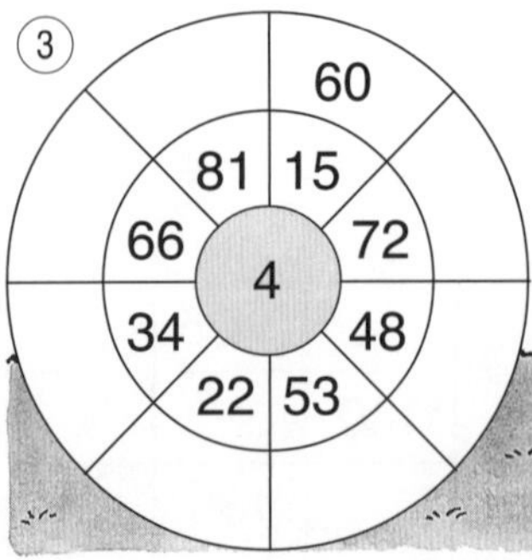


4

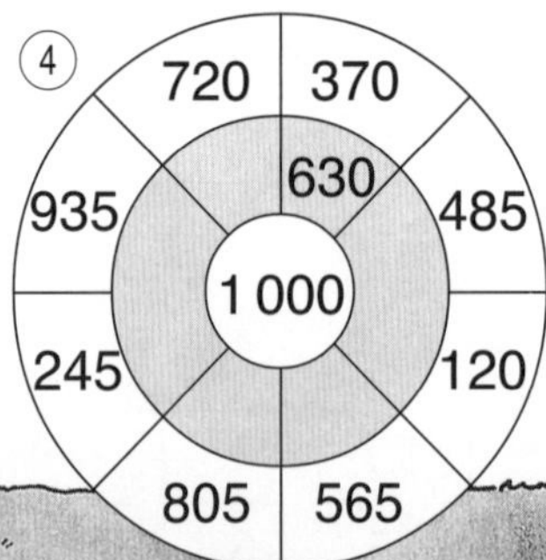


5

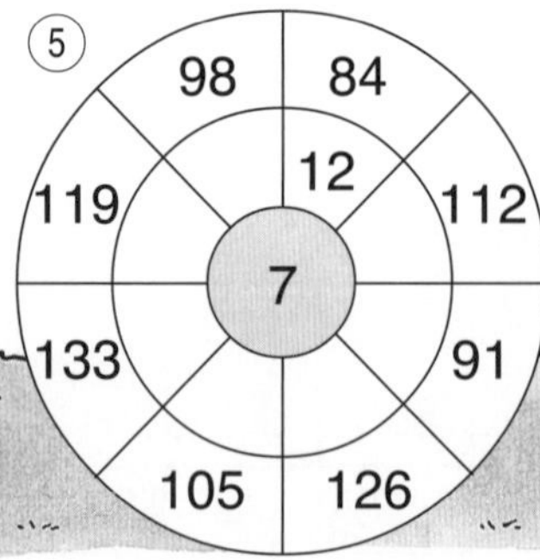


6

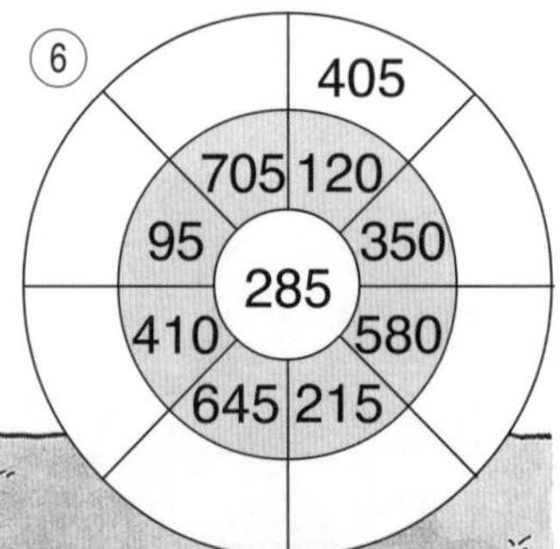

Finde den Lösungssatz.

| A | Ä | B | C | D | E | F | G | H | I | N | R | S | T |
|---|---|---|---|---|---|---|---|---|---|---|---|---|---|
| 630 | 540 | 240 | 480 | 360 | 60 | 600 | 450 | 320 | 180 | 120 | 160 | 234 | 1 000 |

(1) 6 · 30 = ______

(2) 240 : 2 = ______

(3) 198 + 42 = ______

(4) 12 · 5 = ______

(5) 236 – 76 = ______

(6) 8 · 15 = ______

(7) 127 + 113 = ______

(8) 540 : 9 = ______

(9) 50 · 12 = ______

(10) 45 · 4 = ______

(11) 360 : 3 = ______

(12) 188 + 172 = ______

(13) 480 : 8 = ______

(14) 353 + 647 = ______

(15) 613 – 379 = ______

(16) 2 · 90 = ______

(17) 120 · 4 = ______

(18) 960 : 3 = ______

(19) 40 · 9 = ______

(20) 12 + 48 = ______

(21) 67 + 93 = ______

(22) 728 – 488 = ______

(23) 90 · 6 = ______

(24) 320 : 2 = ______

(25) 600 : 10 = ______

(26) 30 · 4 = ______

(27) 154 + 296 = ______

(28) 829 – 669 = ______

(29) 9 · 70 = ______

(30) 720 : 3 = ______

(31) ______ · 4 = 240

(32) 5 · 24 = ______

| (1) | (2) |
|---|---|
| | |

| (3) | (4) | (5) | (6) |
|---|---|---|---|
| | | | |

| (7) | (8) | (9) | (10) | (11) | (12) | (13) | (14) |
|---|---|---|---|---|---|---|---|
| | | | | | | | |

| (15) | (16) | (17) | (18) |
|---|---|---|---|
| | | | |

| (19) | (20) | (21) |
|---|---|---|
| | | |

| (22) | (23) | (24) | (25) | (26) | (27) | (28) | (29) | (30) | (31) | (32) | |
|---|---|---|---|---|---|---|---|---|---|---|---|
| | | | | | | | | | | | . |

① Fülle das unten stehende Quadrat mit den Buchstaben **M A T H** so aus, dass:

- ▶ diese Buchstaben in jeder Reihe vorkommen
- ▶ jeder Buchstabe nur einmal pro Spalte vorkommt und auch nur einmal in jeder Diagonale.

| | | | |
|---|---|---|---|
| | | | |
| | | | |
| | | | |

② Der folgende Würfel hat auf drei seiner Flächen die Buchstaben **M**, **A** und **T**. Im dazugehörenden Würfelnetz ist der Buchstabe **M** schon eingetragen.

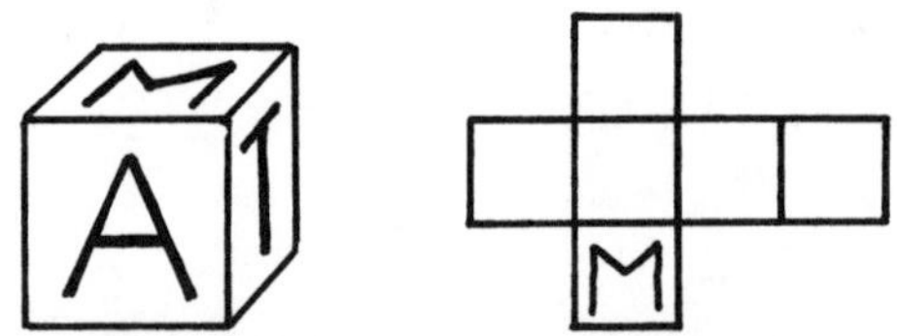


Trage die Buchstaben A und T an die richtige Stelle im Würfelnetz ein. Achte auf die Schreibrichtung der Buchstaben.

③ Mathias, Mathilde, Matthäus und Mathurine sind vier Freunde. Zwei von ihnen sind Jungen. Zwei sind blond und die anderen haben braunes Haar. Zwei tragen eine Brille und die anderen zwei keine. In der Tabelle sind keine Spalten gleich. Vervollständige die Tabelle.

| Vorname | Mathilde | Mathurine | Mathias | Matthäus |
|---|---|---|---|---|
| Geschlecht | Mädchen | Mädchen | Junge | Junge |
| Haare | braun | | blond | blond |
| Brille | | nein | | ja |